TiO_2纳米流体热传输及摩擦学行为研究

赵永涛 著

中国矿业大学出版社

内 容 提 要

本书通过对 TiO_2 纳米流体分散稳定性、理化性能、热传输以及摩擦学行为等方面的研究，明确了 TiO_2 纳米粒子在基础液中的分散形式，探明了 TiO_2 纳米流体在金属表面的润湿状态，修正了纳米流体的黏度公式，并进一步建立了纳米流体的热传输及润滑模型，开展了纳米流体特性和机理的研究，有助于促进人们对纳米流体的认知，并为纳米流体在金属加工润滑领域的应用提供了理论指导。

本书可供相关专业的研究人员借鉴、参考，也可供广大教师和学生学习使用。

图书在版编目(CIP)数据

TiO_2 纳米流体热传输及摩擦学行为研究 / 赵永涛著. 一徐州：中国矿业大学出版社，2018.9

ISBN 978-7-5646-4099-6

Ⅰ. ①T… Ⅱ. ①赵… Ⅲ. ①二氧化钛一纳米材料一热传导一研究②二氧化钛一纳米材料一摩擦一研究 Ⅳ. ①O614.41

中国版本图书馆 CIP 数据核字(2018)第203846号

书　　名　TiO_2 纳米流体热传输及摩擦学行为研究
著　　者　赵永涛
责任编辑　何晓明
出版发行　中国矿业大学出版社有限责任公司
（江苏省徐州市解放南路　邮编 221008）
营销热线　(0516)83885307　83884995
出版服务　(0516)83885767　83884920
网　　址　http://www.cumtp.com　**E-mail**:cumtpvip@cumtp.com
印　　刷　江苏凤凰数码印务有限公司
开　　本　787×960　1/16　**印张** 10.5　**字数** 200 千字
版次印次　2018 年 9 月第 1 版　2018 年 9 月第 1 次印刷
定　　价　35.00 元

前 言

随着热科学和技术的发展，在冶金、能源、运输、微电子、化学工程、航天器热控制、制造业中，对换热系统的效率提出了更高的要求。提高液体换热效率的一种有效方法是在基液中添加金属、非金属或聚合物固体粒子。由于固体粒子的导热系数比液体大几个数量级，因此这种添加了固体粒子的两相流体的导热系数比纯液体大许多。但在实际应用中仍存在许多问题，主要是粒子颗粒大、易沉降、易产生堵塞和磨损等。

1995 年，美国阿贡国家实验室（简称 ANL）的 Choi 等率先提出了纳米流体的概念。所谓纳米流体，是指以一定的方式在液体介质中添加纳米粒子或纳米管而形成的悬浮液。纳米流体概念的提出给强化传热技术的研究带来了新的希望。纳米流体在提高流体换热能力的同时，由于小尺寸效应和布朗运动，与传统添加微米或毫米级固体粒子的流体相比，悬浮稳定性更好。近年来，国内外学者对纳米流体技术进行了大量的研究，主要集中在以下几个方面：纳米流体体系的选择研究、纳米流体的制备及稳定性研究、纳米流体热导率影响因素及模型研究、纳米流体强化传热机理研究、纳米流体黏度测量及影响因素研究。

纳米粒子作为润滑油或基础油添加剂能明显提高摩擦学性能，这一事实在近年来的理论和实践中都得到了验证。同时，国内外各大公司也对纳米润滑剂产生了浓厚的兴趣，开始研制纳米金属加工液。然而，纳米润滑剂的分散机理、理化性能及传热特性等均尚未明确，影响了其在金属加工领域的进一步应用。

纳米流体是以一定的比例和方式在基础液中添加纳米级金属或非金属氧化物粒子而形成的一种特殊的悬浮液。研究表明，纳米流体具有优异的摩擦学以及传热传质特性，因而经常作为一种典型的润滑剂应用于机械润滑乃至金属加工领域。但目前人们对纳米流体的研究还不够深入，各种特性的机理尚不明确。因而进一步开展纳米流体特性和机理的研究，有助于促进人们对纳米流体的认知，并为纳米流体在金属加工润滑领域的应用提供理论指导。

为此，本书总结了纳米流体研究进展的情况，包括纳米流体的制备，以热导率为主的纳米流体理化性能，纳米流体的稳定性，纳米流体的润滑机理；以TiO_2纳米粒子为研究对象，围绕TiO_2纳米流体的制备、理化性能、传热特性以及摩擦学特征进行了一系列的研究。

首先，通过X射线衍射（XRD）、扫描电子显微镜（SEM）以及差热分析等对纳米粒子进行了表征，确定了TiO_2纳米粒子的存在形式；利用沉降法、Zeta电位法对分散剂的分散效果进行了甄别，并结合物理分散法和化学分散法，制备出分散性良好的TiO_2纳米流体；明确了TiO_2纳米粒子在水性介质中的分散机理。其次，应用接触角测量仪对纳米流体的润湿性进行了研究，明确了纳米流体在金属表面的润湿状态：分散剂的加入，会促使纳米流体在金属表面的润湿状态由Wenzel润湿向Cassie润湿转变；通过一系列的黏度实验发现，纳米流体黏度变化的首要因素是其本身的“电滞效应”：黏度实验值和经典模型理论值的偏差主要来源于纳米流体的初级“电滞效应”；引入了Gouy-Chapman双电层模型，基于纳米粒子周围电势分布和距离的关系，通过理论计算，提出了全新的黏度公式，与纳米流体的黏度变化具有很高的吻合度。再次，根据纳米流体中纳米粒子的界面层效应和布朗运动特点，分别建立了基于两者的热导率模型；考查了界面层热导率分布、厚度、温度以及纳米粒径对纳米流体热导率的影响；利用本书建立起来的理论模型，得到界面层以及布朗运动对纳米流体热导率强化的贡献值，并通过瞬态热线法对TiO_2纳米流体的热导率进行了测量，与理论值进行了比较；此外通过热轧实验发现，由于纳米流体具有较高的热导率，能够起到细化轧后表面组织的效果。最后，通过四球摩擦实验和万能摩擦磨损实验，明确了分散剂和纳米粒子对纳米流体润滑性能的影响机制；使用六偏磷酸钠（SHMP）或油酸（OA）做分散时，纳米流体的润滑性能受分散剂含量的影响较小，使用聚丙烯酸钠（PAAS）做分散时，由于黏度较大，影响了纳米流体的流动性，进而会阻碍TiO_2纳米粒子进入摩擦副，影响纳米流体的润滑性能，总体来讲分散剂的影响要小于TiO_2纳米粒子，仅能通过改变有效纳米润滑粒子的数量影响纳米流体的润滑性能；提出了流-固协同润滑模型，即由于固体表面粗糙度的存在，且微凸体处具有较高的表面能，因此TiO_2倾向于沉积在摩擦副的微凸体处，形成一种低剪切的纳米润滑膜，使真实的接触面由纳米流体、纳米润滑膜以及部分微凸体组成，沉积膜避免了微凸体的直接接触，因而提高了纳米流体的润滑性能。

笔者希望通过本书能使更多的研究工作者对纳米流体的研究产生兴趣，从而推动纳米流体相关理论和实验的进展，促进纳米流体的快速发展，使得研究工作真正应用于实践，也希望纳米流体相关理论能在其他学科得到应用，同时也希望更多的专家、学者共同开放研究纳米流体相关理论。

纳米流体相关理论的发展时间较短，理论和实验上都非常欠缺，由于笔者的水平有限，在论述中阐述的观点和对问题的理解难免存在缺陷和错误，敬请专家、学者和对此感兴趣的科研工作者提出批评和指正。

著　者

2018年5月

目　录

第1章 引 言

随着轧制过程向高温、高负荷、高速方向的发展以及对产品质量要求的不断提高，作为轧制关键技术之一的工艺润滑也面临着新的挑战，由初期单纯的提高产品表面质量或节能降耗，到目前提高产品表面质量与节能减排并举，传统的润滑剂已不能满足市场需求。纳米润滑技术的出现为解决轧制过程中出现的上述问题提供了新的思路。

纳米粒子作为润滑油或基础油添加剂能明显提高摩擦学性能，这一事实在近年来的理论和实践中都得到了验证。然而，目前国内外纳米润滑的研究重点主要集中在对重要机械设备的润滑上，对金属加工方面则研究较少。为此，我国于 2009 年启动了“863 计划”新材料技术领域专题“环保型纳米水性板带钢轧制液规模化制备技术”研究。同时，国内外各大公司，如美国奎克化学公司、我国上海宝钢集团等都对纳米润滑剂产生了浓厚的兴趣，开始研制纳米金属加工液。然而，纳米润滑剂的分散机理、理化性能及传热特性等均尚未明确，影响了其在金属加工领域的进一步应用。为此，本书结合纳米流体的特征，对作为轧制液的纳米流体进行了一系列的机理探索。

众所周知，在轧制工艺润滑中，润滑剂对摩擦副表面的润湿起着至关重要的作用。良好的润湿行为更有利于润滑剂在摩擦副表面的铺展，形成更均匀的润滑膜，从而提高润滑剂的润滑性能；另外，黏度是液态润滑剂内摩擦的表现，黏度的大小能够反映润滑剂在摩擦副中流动的难易程度，并且直接影响变形区油膜厚度及润滑剂本身的润滑性能。因此，充分理解和控制纳米粒子的分散对润滑剂黏度的影响以及润滑剂与摩擦副表面的润湿性，是获得良好润滑性能的必要前提。此外，润滑剂除了需具有优异的润滑性能外，冷却性也是一个很重要的参考标准，良好的冷却性能有助于降低机械部件摩擦过程中的温升，延长部件的使用寿命。因而对纳米流体热导率的探究，也是研究作为润滑剂的纳米流体综合性能所必不可少的重要因素之一。

TiO_2纳米粒子具有独特的理化特性。研究表明，将 TiO_2 纳米粒子分散到润滑油中能够显著提高润滑油的摩擦学特性，然而其对水基纳米轧制液润滑性能的影响却不得而知；TiO_2纳米粒子熔点较高，在热轧条件下基本上以固体的形式存在。

基于以上分析，笔者选择 TiO_2纳米粒子作为研究对象，拟从水基纳米流体的黏度以及在板带钢表面的润湿性入手，研究纳米流体的传热和摩擦学特性，为纳米水基润滑剂在金属加工领域的批量应用提供理论指导和技术支持。

由于油基轧制润滑剂（热轧油、油基纳米润滑剂）在使用过程中存在着诸多问题，在此背景下，笔者致力于研究纳米粒子在水性介质中的理化性能、热导率以及抗磨减摩特性，为制备新型的水基润滑液，使其既满足轧制润滑性能，又符合当前节能环保、清洁生产的要求，建立坚实的理论基础，并推动和完善金属加工纳米润滑理论的发展。

因此，笔者通过多种分散手段相结合的方式，实现了 TiO_2纳米粒子在水基体系中的稳定分散，对其黏度、润湿性、流变性能、热导率以及抗磨减摩特性进行了系统研究。同时，对 TiO_2纳米流体的热导率强化机制进行了探究，建立了水基 TiO_2纳米流体的界面层模型以及布朗运动模型，并根据 TiO_2纳米粒子的沉积特征，提出了“流-固二相协同润滑”模型，为探索纳米流体的润滑机理提供了新的理论参考。

第 2 章　纳米润滑理论的形成和发展

纳米粒子粒径在 1～100 nm，是物质的一种新的形态——纳米态[1]。纳米态物质的性质主要取决于表面或界面上分子排列的状态。由于它们具有量子力学上的强关联性而表现出介于宏观物质和微观原子或分子之间的过渡亚稳态，具有界面与表面效应、小尺寸效应[2]、量子效应与宏观量子隧道效应[3]，表现出奇异的热学、力学、电学、磁学、光学和化学活性等特性。

摩擦是自然界普遍存在的现象，每年世界各国因摩擦磨损产生了机械零部件的严重能量损失及设备损坏，造成了巨大的经济损失。为减少摩擦磨损造成的损失，各国都在加紧研究相应的润滑剂及润滑技术。

纳米材料与润滑技术相结合，制备出同时具有减摩、抗磨和修复功能的润滑材料，是近年来摩擦与润滑领域研究的热点[4]，也是纳米材料与润滑剂相结合的切入点。以纳米材料为基础开发的润滑剂减摩、抗磨、自修复技术已成为现代再制造技术的发展方向之一，也是再制造领域的创新性前沿研究课题，具有广阔的应用前景。

随着精密机械和高新技术装备的发展，特别是纳米科技所推动的新兴学科，如纳米电子学、纳米生物学和微机电系统的研究都涉及微观摩擦和表面界面行为。由于尺度效应和表面效应的影响，这些问题所遵循的规律已不再是宏观摩擦学原理，在此基础上迅速衍生出了纳米摩擦学。

纳米摩擦学，或称微观摩擦学，是在纳米尺度上研究摩擦界面上的行为、变化、损伤及其控制的科学[5]。摩擦学就其性质而言属于表面科学范畴，摩擦过程中材料表面所表现的宏观特性与其微观结构密切相关。纳米摩擦学研究提供了一种新的思维方式，即从分子、原子尺度上揭示摩擦磨损和润滑机理，建立材料微观结构与宏观特性之间的构性关系，因此更加符合摩擦学的研究规律，标志着摩擦学学科的发展进入一个新阶段。

纳米摩擦学在学科基础、研究方法、实验测试设备和理论分析手段等方面都与宏观摩擦学研究有着很大的区别。宏观摩擦学根据体相性质应用连续介质力学作为分析的基础。由于尺寸效应的影响，作用在表面上的摩擦力和润滑膜黏滞力对于微型机械性能的影响要远远大于体积力的影响，同时由于微型机械的润滑膜厚度一般处于纳米量级，只有几个或者十几个分子层厚度，以连续介质力学为基础的流体润滑理论已不再适用。纳米摩擦学则是从原子、分子结构出发，考查纳米尺度下的表面和界面分子层摩擦学行为，其理论基础是表面物理和表面化学，实验测试仪器是各类扫描探针显微镜以及专门的微型实验装置[6-7]。近年来开发出了多种类型的有序分子薄膜，对于纳米间隙摩擦副具有良好的润滑作用[8]。

纳米摩擦学的发展有着重要的理论价值。纳米摩擦学中所采用的实验测试技术能够深入到分子和原子尺度揭示摩擦过程中的微观现象。然而由于纳米摩擦学研究涉及的是微观摩擦过程，在理论分析和实验研究上还存在着较大的困难。因此，实验测试技术还需要进一步改进，以此来如实地反映实际工况。特别是要建立微观摩擦下的物理模型和定量分析方法，完善分子动力学方法对于复杂分析和真实系统的模拟技术，发展新的理论计算方法。

纳米润滑技术在金属加工领域有着重要的应用前景，将纳米级金属或非金属粒子加入到金属加工液中而形成的纳米流体，能够显著改善加工液的润滑和冷却性能。因此，这项技术若应用到切削液中，能够提高切削效率以及延长刀具的使用寿命，但此技术应用于轧制尤其是热轧过程的理论却鲜有文献进行报道。

2.1 轧制润滑的发展和机理

2.1.1 轧制润滑技术发展及应用

采用轧制润滑技术能够减少摩擦、降低轧辊磨损，确保轧制过程的顺利进行。轧制润滑技术经过长时间的发展在不断地进步，也得到了不断的发展。1886 年，Reynolds 推导出著名的雷诺方程，为轧制润滑技术的应用和发展提供了重要的理论指导，有色金属轧制开始使用矿物油和动植物油涂抹在轧辊上进行润滑。20 世纪初，铝板轧制过程中出现了轧辊黏附铝而导致表面质量变差的问题，人们开始在矿物油中加入活性添加剂以提高润滑效果，多组分轧制润滑剂的研制得到迅速发展。20 世纪 30 年代，德国开始使用棕榈油进行冷轧宽带钢工艺润滑。随后，由于棕榈油资源有限、轧制速度的提高以及变形量的不断增大，乳化液逐步取代棕榈油成为常用的冷轧工艺润滑剂，冷轧润滑技术被广泛使用，并且日渐成熟[9]。

板带钢热轧生产长期以来一直以水作为轧辊的冷却和润滑介质[10]。这种传统的轧制模式是轧辊与轧件直接接触，因而轧辊表面非常容易磨损，导致凹坑和麻点的产生，凹坑和麻点又会加剧磨损，形成了恶性循环，使轧辊很快因磨损而报废。随着轧制生产技术的发展，水已经远远不能满足热轧时作为润滑介质的要求，需要寻求新的润滑介质[11-12]。

1968 年，美国 Great-Lake 钢铁厂首次在热连轧精轧机组上使用热轧油润滑，随后苏联、日本、英国也进行了热轧油配方及热轧润滑新技术的研究。近年来，随着连铸连轧工艺的发展，板带钢粗轧机组逐渐被减少或忽略，精轧机组向高速化、连续化、高效率化方向发展，热轧工艺润滑技术得到了前所未有的重视和应用[13]。

随着机械设计和制造、自动控制技术的迅速发展，在我国的宽带钢热连轧机上，有相当一部分已采用了国产的热轧润滑装置，如攀钢 1 450 mm、太钢 1 420 mm、梅钢 1 422 mm、莱钢 1 500 mm、济钢 1 780 mm、本钢 1 700 mm，取得了预期的效果和明显的经济效益[14]。然而，我国热轧工艺润滑应用中存在的主要问题是油耗高，特别是在热轧润滑研究初期认为热轧油浓度越高，其润滑效果越好，有些企业热轧油耗量甚至高达 250 g/t，导致轧制工艺润滑效果不稳定、热轧油使用成本高等一系列问题，更严重的是多余的热轧油残留在轧辊和带钢表面会污染冷却水[15-16]。而有国外学者研究则认为油水比例在 1∶1 000即可达到润滑作用效果，国外热轧工艺润滑技术发展日臻成熟，同类机组先进水平油耗为 80～100 g/t[17-18]。

2.1.2　热轧润滑的应用效果

由于热轧高温、高压使得热轧润滑技术的最初出发点主要为减少轧辊损耗，提高热轧带钢表面质量，采用热轧工艺润滑技术成为钢铁企业降低成本的一个重要途径，见表 2-1。热轧润滑可以达到以下效果：

(1) 减少或调控摩擦因数

未采用热轧工艺润滑时摩擦因数一般在 0.35 左右，而采用工艺润滑时的摩擦因数可减小到 0.12[19]。

(2) 显著降低轧制力

摩擦因数的减小使轧制力明显降低，一般可以降低轧制力 10%～25%，甚至更多。热轧润滑不仅可以降低轧制功率，节约能耗，还可以在原有轧机的基础上进行大压下轧制，有利于轧制更薄规格的产品，同时也可以有效地消除轧机的振动。

(3) 降低轧辊消耗，提高作业率

热轧时由于温度高，工作辊表面发生氧化生成黑皮，造成轧辊异常磨损。

热轧润滑剂能够阻止轧辊表面黑皮的产生，延长轧辊使用寿命，同时减少换辊次数，提高轧制生产作业率[20]。

表 2-1　　板带钢热轧工艺润滑前后效果对比

机架号	有润滑				无润滑			
	电流百分比/%	单位电流/A	轧制力/kN	单位轧制力/MPa	电流百分比/%	单位电流/A	轧制力/kN	单位轧制力/MPa
F1	86	0.069 7	17 740	14.39	81	0.082	15 580	15
F2	90	0.073 0	18 660	15.13	88	0.086	15 950	15.56
F3	84	0.068 0	15 440	12.54	74	0.072	14 400	14.05
F4	94	0.076 2	14 430	11.70	88	0.086	12 710	12.40
F5	58	0.047 0	10 080	8.18	70	0.068	12 930	12.26
F6	61	0.049 0	10 210	8.28	62	0.060	10 230	9.98
F7	67	0.046 0	5 210	4.23	51	0.050	5 280	5.15

(4) 改善板带表面质量

轧辊磨损的降低、氧化皮的减少，直接改善了轧后板面质量。另外，工艺润滑对变形区摩擦的调控作用可以改善轧后板形，提高热轧板带的酸洗速度，降低酸液消耗，减少酸洗金属损失[21]。

(5) 改善轧件内部组织性能

工艺润滑不仅能够提高轧后表面质量，而且还可以使轧后板带钢的晶粒组织得到改善，提高其深冲性能。如热轧 IF 钢时由于摩擦因数的降低，表层的剪切变形减少，使板厚方向从表层到中心的织构差别减小，有利于织构的增加，从而可提高热轧板的 r 值[22]。

(6) 节能降耗

采用工艺润滑后，热轧吨钢平均节电 3 度(kW·h)，酸洗酸液减少 0.3～1.0 kg，金属消耗降低 1.0 kg，轧辊的消耗降低 30%～50%[23]。

2.1.3　冷轧润滑的作用

不同于冷轧工艺润滑，带钢冷轧过程变形区摩擦特征决定了采用润滑轧制的必要性[24]。热轧板变形抗力低，同时轧件表面氧化铁皮、冷却水也具有润滑作用，而冷轧时材料加工硬化严重，变形抗力大，轧制压力高，因此工艺润滑是冷轧工艺必不可少的一部分。

生产过程中有效的润滑能够最大限度地保证轧机有足够的轧薄能力，并明显降低轧制力的消耗和轧辊与轴承的消耗，生产出表面质量良好的产品。在冷轧过程中，轧制润滑剂的另一个重要作用是它的冷却作用，在现代化高速冷连轧机上基本上不再另外配置冷却系统，润滑剂兼作冷却剂使用，轧制过程中热效应现象比较剧烈，如不进行有效的冷却，会带来和产生一系列严重的后果：轧辊温度过高，使轧辊消耗和换辊次数增多；轧辊表面容易产生裂纹和剥落现象；会加剧润滑剂的热分解和老化，导致能量消耗增加[25]。

冷轧工艺润滑的作用在于工艺润滑剂在轧辊和轧件表面形成一层很薄的润滑膜，阻止相互间产生吸附作用，并且渗入两个接触表面上的凹凸峰，把轧件和轧辊分隔开，从而可以很大程度上降低各接触面上的摩擦力，使轧件变形抗力及其对轧辊的压力减少。随着轧辊弯曲和轧机弹性变形的减少，在相同轧辊调整条件下，可以保证轧件较大的压下量和伸长量[26]。

2.1.4　轧制润滑机理

轧制润滑技术先于轧制润滑理论得到应用，世界各国对轧制润滑机理也在不断地探索。轧制过程中的摩擦与机械摩擦相比，接触表面的物理性质相同，因此研究轧制过程中的摩擦也应当从一般摩擦理论出发，但是两者又有差别。轧制过程的摩擦具有以下特性[27]：

(1) 同时存在内外摩擦。轧制过程中金属发生剧烈塑性变形，因此内外摩擦同时存在，内摩擦释放大量变形热，而机械运动中只有外摩擦存在。

(2) 高接触压力。热轧时，单位接触压力达 50～500 MPa，冷轧时则高达 500～2 500 MPa。而一般重载荷轴承所承受的压力也只有 20～50 MPa。

(3) 摩擦状况复杂。轧制变形区内摩擦应力影响因素众多，如金属所处应力状态、变形区几何参数、温度、速度、变形程度及变形方式等。

(4) 产生新生表面。机械零件变形为弹性变形，整体零件不会发生塑性变形，而轧制过程中轧件则发生塑性变形，新生表面不断产生。同时，表面氧化膜破坏后，金属新表面裸露，将引起接触表面状况的改变。

轧制工艺润滑能够起到减少轧制过程摩擦、降低磨损的作用[28]，而润滑效果与润滑状态密切相关。金属成形时润滑机制与机械润滑机制不同，金属塑性变形区润滑状态除了受润滑剂黏度、轧制速度影响外，由于发生塑性变形还受到工件变形抗力 σ_f 的影响。为此有学者用修正的 Stribeck 曲线对金属塑性变形时的润滑状态进行了分析。当界面压力 $P=\sigma_f$ 时所构成润滑状态图即为传统的 Stribeck 曲线。当 $P>\sigma_f$，也即发生塑性变形时，必须构成一个三维润滑状态图，如图 2-1 所示。图中 $A—A$ 表示摩擦因数最小点的截面。

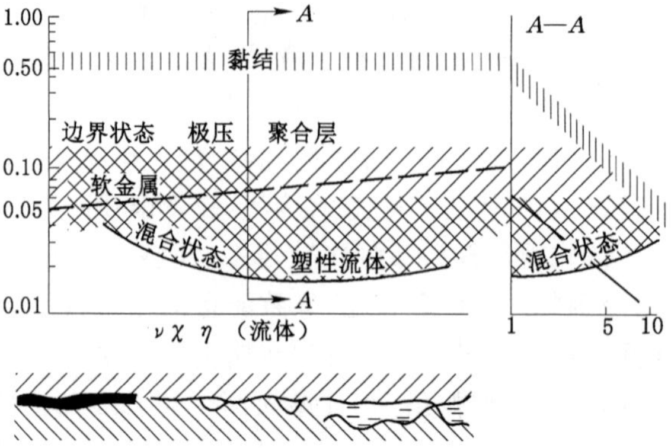

(a)　　　　(b)

图 2-1　修正后的 Stribeck 曲线

从图 2-1 中能够看出，当润滑剂黏度较小，轧制速度较低时，流体动压作用不大，还不能形成有效厚度的润滑膜，只有含有添加剂的边界润滑膜将表面分开，轧辊光洁表面就被复印到轧件表面上，如图 2-2(a)所示，此时摩擦因数较高。随着黏度、速度的增加，在接触表面的凹处首先形成流体动压池，润滑膜厚度增加，达到混合润滑范围时，导致摩擦因数降低。

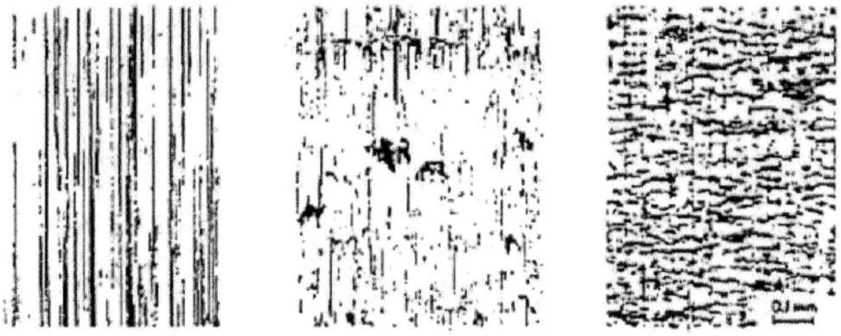

(a)　　　　(b)　　　　(c)

图 2-2　轧后表面形貌

(a) 边界润滑；(b) 混合润滑；(c) 流体润滑

当图 2-1(b)中 P/σ_f减小时，流体润滑趋势增大，摩擦因数降低。混合润滑的工件表面形貌介于边界润滑与流体润滑之间，如图 2-2(b)所示。一旦整个变形区表面完全被流体动压膜覆盖，摩擦因数达到最低点，表示进入了流体润滑状态，从图 2-2(c)中可以看到加工表面开始产生粗糙化。若 $\eta\times\nu$ 进一步增加，流体膜剪应力增大，对应的摩擦因数也有所增加。然而，变形速度增加会导致变形温度上升，相应会抑制润滑膜厚度及摩擦因数的增加。

轧辊与轧件之间摩擦的产生是由于接触表面微凸体的相互作用，此时接触面摩擦符合阿芒顿库仑摩擦定律。即由于表面微凸体的强度大体恒定，因此黏附摩擦力的大小与接触面积成正比[29]。由于影响边界润滑的因素众多，采用阿芒顿库仑定律计算边界润滑摩擦力只能作为一个近似的参考。

由流体动力学推导出的雷诺方程为流体润滑理论发展提供了依据[30]。经典雷诺方程的一般形式见式(2-1)：

$$\frac{\partial}{\partial x}\left(\frac{\rho h^3}{\eta}\frac{\mathrm{d}P}{\mathrm{d}x}\right)+\frac{\partial}{\partial y}\left(\frac{\rho h^3}{12\eta}\frac{\mathrm{d}P}{\mathrm{d}y}\right)=-6U\frac{\partial \rho h}{\partial x}+12\frac{\partial \rho h}{\partial t} \tag{2-1}$$

式中　η——润滑剂黏度，$\mathrm{mm^2/s}$；

ρ——润滑剂的密度，$\mathrm{kg/m^3}$；

P——润滑膜压力，Pa；

h——润滑膜厚度，μm；

U——两表面移动速度，m/s；

t——时间，s。

Patir 和 Cheng[31-32] 考虑了粗糙表面对润滑的影响，推导出了平均雷诺方程，较好地将平均雷诺方程应用在乳制润滑领域，通过平均雷诺方程计算得到的流体动压具有一定的可靠性。王晓力和温诗铸[33]综合考虑了热效应和表面粗糙度效应，提出了基于平均流动模型的广义雷诺方程。

Tsao 和 Sargent[34] 在 Dow、Kannel 和 Bupara 入口区分析方法[35]的基础上，提出了混合润滑模型，对入口处的油膜厚度进行了计算。在综合了热效应和工件的加工硬化，忽略轧件变形时表面粗糙度变化之后，Tsao 和 Sargent[36] 对他们的模型进行了改进。Suteliffe 和 Johnson[37] 考虑了变形区入口处微凸体变形，提出了一个冷轧混合润滑模型，然而却同样没有考虑发生塑性变形后轧辊及轧件表面微凸体的变化。

Sheu 和 Wilson[38-39] 考虑了变形区内微凸体被压平的情况，借鉴了 Patir 和 Cheng 推导的平均雷诺方程，提出了一个更为严密的模型，将轧制过程分为入口区、过渡区和变形区三个独立而又相互联系的区域。随后，Wilson 和 Chang[40] 研究表明，在入口处由轧辊转动产生的流体动压将会影响到变形区润滑膜厚度。Qiu、Wu 和 Tieu[41] 考虑了工件的屈服条件特征，推导了更加严密的二阶平均雷诺方程，在没有引入未知流动常量基础上提出了类似于 Wilson 和 Chang 的模型。

这些润滑理论模型的研究和建立对深入研究轧制过程摩擦润滑机制以及应用奠定了坚实的理论基础。

2.1.5 润滑状态的界定

润滑状态的判别较常见的是利用 Stribeck 曲线，然而该曲线属于定性判别，应用起来不方便。因此，在实际的工艺润滑中多根据其润滑特征及润滑作用效果从以下几个方面来识别：

(1) 膜厚比

膜厚比 λ 为平均油膜厚度 h 与两接触表面综合粗糙度 σ 的比值，即：

$$\lambda = h/\sigma \tag{2-2}$$

$$\sigma = \sqrt{\sigma_1^2 + \sigma_2^2} \tag{2-3}$$

式中 σ_1、σ_2——轧辊与轧件表面粗糙度(均方根值)。

膜厚比 λ 主要用于区别流体润滑与混合润滑。当 $\lambda > 3$ 时，为流体润滑；在流体润滑中有时又分为薄膜润滑($3 < \lambda < 10$)和厚膜润滑($\lambda > 10$)。

使用膜厚比判别润滑状态，一个最大优点就是比较准确、定量，且在模型计算中使用方便。然而，它并不能反映润滑效果的好坏。

(2) 摩擦因数

润滑状态不同，反映在摩擦因数上则有较大的差别，图 2-3 表示了不同润滑状态下摩擦因数的典型值。

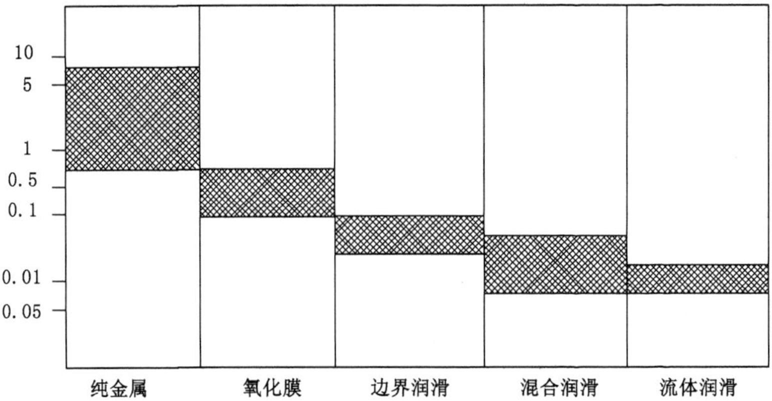

图 2-3 不同润滑状态下摩擦因数典型值

然而上述摩擦因数是在弹性变形时得到的，虽然在不同类型摩擦因数大小排序上可作研究塑性变形时的参考，但是由于塑性变形中影响摩擦因数的因素较多，就是在同一润滑状态下不同加工条件对应的摩擦因数也有较大不同，因此不同润滑状态下的摩擦因数不易界定，但在塑性变形中一般可归纳为：

流体润滑： $\mu_F < 0.01$

混合润滑：　　　　　　$\mu_M < 0.01 \sim 0.1$

边界润滑或干摩擦：　　　$\mu_B < 0.1 \sim 1.0$

该评价方法的优点是把润滑状态与摩擦因数联系起来，但是光凭摩擦因数也不易界定润滑状态。

(3) 表面质量

不同的润滑状态对应的加工后工件表面质量有较大的不同，而且成形过程中表面质量还不断变化。对于流体润滑由于工模具与工件表面完全被油膜隔开，粗糙的工件表面没有被工具充分地压碾，如同自由表面，但当油膜压力较高时，很容易在工件表面形成油窝，或者横向沟槽。相反，边界润滑由于变形区内存在一层极薄的边界膜，既防止了工模具与工件表面之间的黏附，又使工件表面得到了工模具充分地压碾，这样致使成形后制品表面较为光亮并接近于工模具表面粗糙度。混合润滑的表面介于流体润滑与边界润滑之间。使用该方法评判润滑状态较为直观，而且与工件润滑表面质量联系在一起。

2.2　纳米润滑理论研究现状

在油基润滑剂被广泛应用之前，水是最早使用的润滑剂，然而水存在着成膜能力差、膜强度小、极限剪应力低、压黏系数小等缺点，使得水基润滑剂的发展缓慢[42]。特别是在从石油中分离出矿物油以后，其独特的润滑能力使水基润滑剂的研究几乎停滞。但全球性的石油资源骤减以及环境污染的持续加重，使水基润滑剂又逐渐受到国内外学者的重视。同时，随着世界各国环保法律法规的相继制定和完善，也在促使人们加快对水基润滑剂的研究[43]。

2.2.1　水基润滑剂的发展及应用

水基润滑剂虽然润滑性能不足，但是具有优良的冷却性、清洗性、经济性和安全性等优点，且使用周期长，对环境和操作人员无害，具有较高的通用性或一定的专用性，在切削、研磨、冲压、拉拔、攻丝等领域应用较多[44]，而在轧制领域应用相对较少。

水基润滑剂是指在水中加入水溶性基础添加剂和其他功能添加剂，使其具有良好的润滑性能和辅助功能的水基合成液。水基润滑剂可循环利用、绿色环保，是工业设备润滑剂和金属加工液今后发展的方向[45]。

对水基添加剂的进一步研究，极大促进了水基润滑剂的发展，使水基润滑剂有望替代油基润滑剂。用于金属切削加工的全水基合成液在国外已经成功研制并广泛应用[46-47]。我国虽然使用水作为润滑剂有悠久的历史，然而对水基润滑剂研究则起步较晚，发展较缓慢，但是发展前景较好，尤其在钢材轧制、冷轧乳化液、板带钢热轧等油基润滑剂使用较多的研制方向具有广阔的前景[48-49]。

水基润滑剂存在最主要的问题是其润滑性和抗腐蚀性能差，主要是因为水的黏度远小于油基润滑剂的黏度，在乳制润滑过程中不能迅速形成有效的润滑膜所致；另外，在高温下也容易与金属表面发生摩擦化学反应。所以，为了改善水基润滑剂的不足，在水中加入各类水溶性基础添加剂和功能添加剂，制备综合性能良好的水基润滑剂成为国内外学者研究的重点。

2.2.2 水基润滑添加剂

具有良好润滑性能的水基添加剂是水基润滑剂研究的关键之一，水基添加剂能够提高水基润滑剂的理化性能、成膜能力和抗磨减摩性能。同时，为了满足不同加工领域的具体要求，还要添加其他水溶性的功能添加剂来改善其综合性能，如极压抗磨剂、缓蚀防锈剂、消泡剂和杀菌剂等[50]。水基润滑添加剂的研究主要包括合成水溶性聚醚类添加剂及 S、P 系列水溶性添加剂和纳米级水基润滑添加剂等。

(1) 水溶性聚醚类添加剂

水溶性聚醚类添加剂是近几年发展迅速的一类水溶性添加剂，具有逆溶性特点，在金属加工时析出而发挥出良好的润滑性[51]。但由于聚醚类添加剂分子内含有大量活泼氢，对铝等软金属腐蚀性强，不能用于铝及铝合金加工。

(2) S、P 系列添加剂

S 元素和 P 元素是油基润滑剂中常用的活性元素，具有优异的极压抗磨性能，在水基润滑剂应用中也有较好的表现。夏延秋等[52]合成了磷酸胺盐添加剂，具有优异的防锈和防腐蚀性能，四球摩擦因数在 0.05～0.06 之间，主要是 P 元素以磷酸铁或亚磷酸铁吸附在钢球表面起到极压抗磨和减摩作用。马江波等[53]在四球机上对两种硫系添加剂以及磷系添加剂在菜籽油中的极压性能进行了研究。结果表明，硫系添加剂 T321、磷系添加剂 P120 的加入能够显著降低磨损、提高菜籽油润滑膜的承载能力和极压性能。黄伟九等[54]通过四球机和环块试验机对两种硫代酸衍生物的摩擦学性能进行了研究，证明了其具有优良的承载能力和抗磨性能，并能显著提高水基润滑剂的烧结负荷。然而含 S、P 等元素的添加剂会造成环境污染，随着人们环保意识的增强，此类水基润滑剂正在逐渐淘汰，低硫、低磷甚至是无硫、无磷水溶性添加剂越来越受到重视。

(3) 纳米级水基润滑添加剂

纳米粒子作为油基润滑添加剂已经有了较多的报道，油溶性纳米粒子不仅能够提高基础油的极压抗磨性能，同时还具有独特的自修复作用，是其他润滑添加剂所不具有的功能[55-58]。然而纳米粒子作为水基润滑添加剂的研究还相对较少。纳米微粒在润滑剂中存在分散性和稳定差等问题，限制了纳米粒子的应用，这是人们今后研究的重点。

2.2.3　纳米润滑添加剂

润滑化学和材料磨损学是 20 世纪 60 年代发展起来的，但纳米润滑添加剂的应用和研究却是随着 20 世纪 80 年代纳米技术的诞生才开始发展的。

20 世纪 80 年代，纳米颗粒作润滑油添加剂已开始应用，如某些润滑油清净添加剂的碱性组分中往往含有大量纳米尺度的 $CaCO_3$ 颗粒，近年来，关于超高碱值清净剂抗磨损特性的研究已备受人们关注。有关纳米金属作为润滑油添加剂的研究也有报道，如俄罗斯科学家将纳米铜粉或纳米铜合金粉末加入润滑油中，可使润滑性能提高 10 倍以上，并能显著降低机械部件的磨损，提高燃料效率，改善动力性，延长使用寿命；对铜粉、镍粉和铋粉添加到石蜡基基础油中进行了实验研究，发现石蜡中加入纳米铜粉或镍粉后，在同等条件下其摩擦因数至少可降低 18%，磨痕宽度至少可减少 35%，某些情况下甚至可减少 50%。纳米金属粉具有良好的抗磨减摩能力，越来越多的研究人员对此开展了研究工作[59]。

随着纳米润滑技术的发展和对纳米功能材料特殊性认识的不断深入，纳米材料以其独特的物理化学性质，在金属加工润滑领域具有广阔的应用前景。润滑剂中使用不同添加剂来改善润滑剂的摩擦学性能是工艺润滑中普遍采用的方法[60]。大多数润滑剂通过加入多种含硫、磷、氯等有机或无机、液态或固态润滑添加剂来提高润滑剂性能，并借助添加剂通过物理或化学吸附以及化学反应来发挥润滑作用[61]。

润滑剂的使用能够降低摩擦磨损，减少或避免摩擦副破坏。摩擦过程中产生的高温、高压和剧烈的机械剪切作用会使有机添加剂分解吸附在摩擦副表面产生保护膜，有机添加剂也会随之消耗掉[62-63]，另外有机添加剂的极压性能较差，在苛刻条件下即使增加有机添加剂浓度也会发生润滑失效。如果添加微米级石墨、二硫化钼、聚四氟乙烯等固体润滑添加剂，大颗粒微米级粒子将难以进入摩擦副接触区，反而还有可能加剧磨损。油基润滑剂无论是轧制油还是乳化液，虽然其润滑效果优良，但是基础油和含 S、P 等有毒化学添加剂的使用，在轧制生产过程中会产生大量油烟雾，产生的热轧油泥、废弃乳化液排放对环境污染带来一系列问题。随着纳米摩擦学相关研究的不断深入,纳米级金属及氧化物作为功能性添加剂加入润滑剂中表现出很好的抗磨、减摩和极压性能,还具有一定的自修复功能,同时能够解决油基润滑剂及添加剂带来的环保问题[64]。

纳米粒子作为功能添加剂是一种融合了材料学、摩擦学、表面工程学、机械动力学等多种学科的前沿产品,它以减少摩擦、降低磨损来达到节省基础油、延长使用周期、减少有毒气体的排放、保护环境的目的。广泛应用于机动车辆、燃油发动机组、船舶、航空发动机、机车以及一切需要润滑的机械设备。对工业发展、节约能源、保护环境有着积极的作用,具有明显的经济效益和社会效益,目前已被世界各国普遍重视和关注,所以开展纳米润滑添加剂研究具有重大的实际意义[65]。

纳米粒子由于其纳米级的粒径,具有高活性而导致的高扩散性、高化学结合力、易烧结性、高硬度等作为润滑添加剂的发展方向而在摩擦学领域有着巨大的潜在应用范围和价值。从摩擦学领域本身来看,发展具有良好抗磨损性能、高承载能力、对磨损表面具有一定修复功能的润滑添加剂也是其发展趋势[66]。

通常将纳米添加剂分为非金属型和金属型两种。其中,非金属型纳米添加剂又可分为两类:一类是具有易发生层间滑移的层状结构粒子,层内原子结合能比层间的原子结合能大得多,属于固体润滑剂范围,在摩擦表面发挥极压润滑和抗磨作用,如胶体二硫化钼、石墨和氮化硼等;另一类是胶体硼酸盐类和聚四氟乙烯等,近期还发现了氧化物、氮化物、硫化物及稀土氟化物等,这些化合物中虽不含上述的层状结构,但由于其特殊的固体润滑特性,可取得较好的防擦伤效果。金属型纳米添加剂主要包括铜、铅等软金属,这些金属粒子可迁移到金属表面,一直向亚表面层扩散,既能起到一定的承载抗磨作用,又具有一定的表面修复效果,使表面保持良好的工作状态,延长零部件的使用寿命。近年来,纳米金属单质作润滑添加剂在国内外研究较多,金属化合物研究则相对较少,其种类见表2-2。

表2-2　　纳米粒子添加剂种类

添加剂种类	纳米材料	主要性能
层状无机物	石墨、二氧化钼、氟化石墨等	石墨的润滑作用受水蒸气影响较大,摩擦因数一般在0.1左右;二硫化钼能抵抗大多数酸的腐蚀,具有良好的热稳定性、高承载能力,摩擦因数一般为0.04～0.1;氟化石墨高温、高速、高负荷条件下的性能优于二硫化钼或石墨,改善了石墨在没有水蒸气条件下的润滑性能

续表 2-2

添加剂种类	纳米材料	主要性能
软金属类	Cu、Pb、Ni、Bi、Al、Ag	软金属的剪切强度低，蒸发率低，同时还具有自修复功能
氟化物	CaF_2、BaF_2、LiF、CeF_3、LaF_3	氟化物的温度范围比氧化物的大，常用于航天系统
氧化物	PbO、TiO_2、ZnO	氧化物中润滑性能最好的是 PbO，在 400 ℃以上显示出比 MoS_2更好的润滑性；TiO_2及 ZnO 具有一定的催化作用
其他	Si_3N_4、BN	氮化硅是最廉价的纳米润滑材料，其力学性能、耐热性质和化学稳定性都好，摩擦因数为 0.1～0.2；氮化硼耐腐蚀、电绝缘性好，摩擦因数在 0.2 左右

纳米粒子作为润滑添加剂时，不同纳米粒子具有不同的物理特性及润滑性能，抗磨减摩效果也不尽相同。Tarasov 等[67]就对纳米金属摩擦性做了研究，发现不同类型纳米粒子对使用环境有不同的适应性。柳学全等[68]采用扫描电镜、俄歇电子能谱仪及 X 射线光电子能谱仪对纳米氟硼酸钾在润滑油中的摩擦学性能及机理进行了研究。研究表明，在载荷 800 N 条件下磨斑直径可降低 50%，提高最大无卡咬负荷 26%，具有优异的抗磨减摩性能。但由于纳米粒子种类繁多，大部分配方、工艺、作用规律及机理性研究远未成熟，对纳米润滑添加剂的评价也仅仅停留在初步应用阶段。纳米粒子对于润滑产品润滑性能的影响因素，如粒径大小、分散介质、形貌、晶型和温度等的影响以及润滑机制等方面的机理性研究还很不深入，从而影响了纳米粒子在这一领域中的应用[69-70]。

2.3　纳米流体的制备

作为纳米流体的添加剂，纳米粒子在热传输、抗磨减摩等方面都有着重要的作用。目前，各种各样的纳米粒子，无论是非金属纳米粒子，还是金属纳米粒子，均得到了广泛的研究。在本小节中，将简要地介绍纳米流体的几种重要的制备方法。

纳米流体不是指简单的液固混合物，它是纳米颗粒在其所分散的基液中形成的均匀稳定的悬浮液。在纳米流体中，纳米颗粒表面的活性使它们很容易团聚在一起，形成带有若干弱连接界面较大的团聚体，从而产生颗粒沉淀，降低其稳定性。因此，如何使纳米粒子均匀稳定地分散于液体介质中，形成分散性好、稳定性高、持续性久以及低团聚的纳米流体,是纳米流体制备方面的重点和难点。基于此,研究者提出了多种制备方法,以期能制得分散稳定性较好的纳米流体。到目前为止,较为常用也较为成熟的制备方法主要有气相沉积法和分散法。

2.3.1 气相沉积法

Choi 等[71]发明了纳米流体制备的气相沉积法,亦即流动液面上的真空沉积法。其制备的流程是在充有惰性气体的超高真空环境内,用激光照射金属靶,使金属受热蒸发产生金属烟雾,烟雾经液氮冷却而凝结成为纳米粒子,落入基液中而制成该金属的纳米流体。

Tsung 等[72]在高频加热装置系统中将 Zn 加热成蒸气,气相的 Zn 凝结于盛有去离子水的密封圆筒容器中,在凝结的过程中 Zn 被氧化。形成的 ZnO 纳米颗粒收集分散于去离子水中,从而得到要制备的 ZnO-去离子水纳米流体。经过透射电子显微镜图片分析、分光光度计测量,结果表明该纳米流体中纳米粒子分布均匀、稳定性较好。该方法是在 Zn 蒸气形成后再氧化、冷凝而制成 ZnO-去离子水纳米流体,因而对制备过程中的控制要求比较严格。

Lo 等[73]通过气相沉积法制备了 CuO-去离子水纳米流体。制备时,铜蒸气在凝结过程中凝结核半径的控制非常重要,因为铜纳米颗粒的性质主要取决于凝结核半径,从而对 CuO-去离子水纳米流体的性质产生影响。因此,要获得所需性能的 CuO-去离子水纳米流体,降低凝结核的临界半径是必要的。

气相沉积法把纳米粒子的制备与纳米流体的制备结合在一起,所制得的纳米颗粒小、纳米颗粒在液体中分散均匀、稳定性好。但该法仅适合在低蒸气压的流体中制备含金属粒子的纳米流体,并且对设备的要求较高,费用高,产量小,从而影响了该方法的广泛应用。此方法尽管有一定的缺点,但由于分散均匀、稳定性好,所以在实验研究中对纳米流体稳定性要求较高时应选择此法制备。

2.3.2 分散法

分散法是研究最多、应用最为广泛的制备方法,对其分类也较为详细。颗粒分散是指把纳米颗粒在液相介质中分离散开,并在整个液相中均匀分布的过程,主要包括润湿、解团聚及分散颗粒的稳定化三个阶段。根据分散介质的不同,分散体系可分为水性体系和非水性体系。根据分散方法的不同,可分为物理分散和化学分散。

物理分散通常指运用超声波或机械力等作为分散动力,将分散体系中纳米颗粒的软团聚打开,形成分散均匀的纳米流体。在超声分散中,超声波主要是在液体介质中产生空化作用，使各组分产生共振而引起共振效应。机械分散是指通过强烈的机械搅拌引起液流强湍流运动而造成颗粒聚团碎解。物理分散是一种简单有效且广泛使用的分散方法，但其分散的时效性不长，在停止超声、机械作用一定时间后，颗粒间由于范德华力的作用，纳米颗粒又会重新团聚。因此，要使纳米颗粒在相对长的时间内呈现有效分散状态，还需在物理分散的同时辅之以化学分散。

化学分散即在纳米颗粒悬浮液中加入分散剂，使其在颗粒表面吸附，改变颗粒表面的性质，从而改变颗粒与液相介质、颗粒与颗粒间的相互作用，使颗粒间有较强的排斥力，进而保持颗粒的悬浮稳定性更持久。

Li 等[74]通过超声振荡分散的方法制备了 Cu-水纳米流体。在制备中发现纳米流体的稳定性和连续超声振荡的时间有关，对制备的纳米流体振荡分散 4 h，Cu-水纳米流体能保持至少 10 d 的稳定性。在实验中发现不使用分散剂时，超声振荡对改善 Cu-水纳米流体的稳定性几乎没有效果，脱离超声波水浴后，颗粒会立刻发生沉积。造成上述实验结果差异的原因可能是超声振荡时间或纳米粒子的直径等不同。可见，只超声振荡而不使用分散剂对所制备的纳米流体稳定性的影响程度还有待于进一步研究。

Hwang 等[75]用分散法制备了多壁碳纳米管-水纳米流体。由于多壁碳纳米管在水中易缠绕和团聚，因此在制备时加入十二烷基硫酸钠(SDS)作为分散剂，然后连续超声分散 2 h，获得了分散稳定的多壁碳纳米管-水纳米流体。李泽梁等[76]通过实验测定了不同分散剂质量分数下氧化铜纳米颗粒悬浮液黏度，探讨了十二烷基苯磺酸钠对悬浮液黏度的影响。实验结果及其分析表明，分散剂溶液的黏度随温度的变化很敏感，在实验范围内，分散剂质量分数越大，黏度也越大；随着纳米颗粒质量分数的增加，纳米悬浮液的黏度也增大，但与十二烷基苯磺酸钠质量分数增加引起的黏度增加相比，增加幅度较小；分散剂质量分数的变化对黏度的影响远超过纳米颗粒质量分数变化对黏度的影响。Zhang 等[77]、Chopkar 等[78]均通过超声分散和添加分散剂的方法制备出了稳定的纳米流体。上述研究表明，采用物理分散和化学分散相结合的方法能够制备出稳定的纳米流体。

宋晓岚等[79]通过添加表面活性剂、超声波分散、磁力搅拌制备了 SiO_2-H_2O 纳米流体。对所制备的纳米流体的 Zeta 电位和吸光度进行了测量，结果表明 Zeta 电位绝对值越高，吸光度越大，纳米流体的分散稳定性越好。在超声振荡条件下，选用合适的分散剂及 pH 值范围能够提高 Zeta 电位绝对值，从而提高纳米流体的稳定性。

郝素菊等[80]以去离子水为基液，选择不同类型的分散剂，利用超声分散的方法制备了稳定的碳管纳米流体。其制备工艺流程如图 2-4 所示。这也是分散法制备纳米流体的典型流程，至于所制备的纳米流体稳定性强弱则跟其影响因素有关。

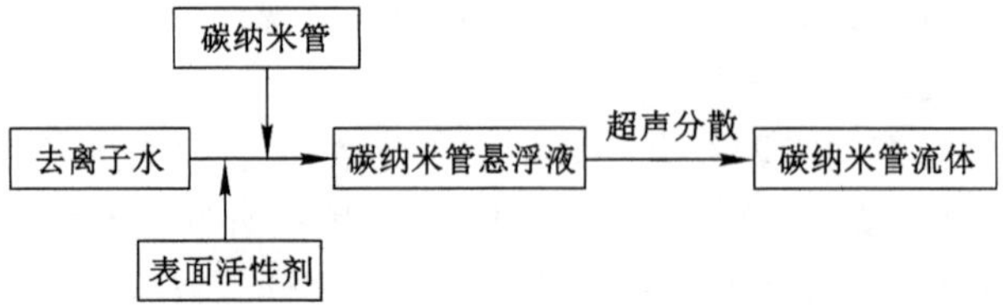

图 2-4 纳米流体制备实验工艺流程

综上所述，与气相沉积法制备纳米流体相比，分散法较为简单方便，不需复杂的仪器设备，制备者也不必拥有较多的专业知识，只需按照一定步骤进行配制即可，是实验研究中较为实用可行的方法。为保证纳米流体的持久稳定性，分散过程中通常在基液中加入合适且适量的分散剂，并调节至适当的 pH 值。

2.3.3 其他方法

除上述两种较为常用的方法外，也有研究者通过其他方法制备出了较为稳定的纳米流体。

Soumen 等[81]先对碳纳米管进行化学振荡处理，将 1 g 的碳纳米管分散于 40 mL 的硝酸和硫酸的混合液中(体积比为 1 ∶ 3)，在 140 ℃下回流 1 h。再将碳纳米管从酸液中过滤出来，用去离子水清洗至 pH 值为 7 左右。然后将清洗过的碳纳米管在 150 ℃下的真空炉中干燥 12 h。最后将处理过的碳纳米管分散于水中制备成了分散稳定的碳纳米管-水纳米流体。此种方法虽然所获得的纳米流体较为稳定，但程序复杂，制备周期长，一般实验室不易实现。

Liu 等[82]以乙酸铜作前体，将其分散于去离子水中，在 55 ℃下的氮气保护下均匀搅拌该溶液。以肼(N_2H_4)作为还原剂，在搅拌机搅拌下将一定量的肼溶液缓慢加入到乙酸铜溶液中，直至溶液混合均匀。再将混合液冷却至 0 ℃，静置沉淀。然后用去离子水慢慢清洗混合液，除去杂质，分散于水中制备成铜-水纳米流体。在实验应用中，体积分数 0.1%的该纳米流体能将传热效率提高 23.8%，体现了较好的稳定性。

程敬泉等[83]在超声场作用下，以 PVP 为保护剂，将 $AgNO_3$ 分别与 $N_2H_4 \cdot H_2O$和 KBH_4 作用制备了 Ag 纳米流体。在超声场中作用 180 min 所制备的 Ag 纳米流体主要以单分散的球形纳米颗粒形式存在，稳定性长达数周。改变还原剂的种类可以制备出球形和六边形等不同形貌的 Ag 纳米颗粒。该法灵活性较强，适宜于测试纳米颗粒形状对纳米流体性能影响时采用。

朱海涛[84]采用一步湿化学法，即把纳米颗粒的湿化学制备与纳米流体的制备结合在一起，制备了 Cu-乙二醇纳米流体。该方法中强还原剂的添加及微波辐射加热，可以加速体系的反应速度，提高成核速率，使铜纳米颗粒的粒径变小且分布范围窄。此法具有颗粒粒度小、分散性好、反应速度快、纳米流体稳定性好等优点。

李东东等[85]采用醇盐水解法，通过控制不同的水解条件，获得颗粒直径从几纳米到几十纳米以上的高纯 SiO_2，制备了可控粒径和浓度的 SiO_2-H_2O 纳米流体，对所得纳米流体进行了 Zeta 电位测量，电位值在 −30～−85 mV，该体系具有良好的稳定性。

上述几种纳米流体的制备方法有别于较为常用的气相沉积法和分散法，把化学反应应用到纳米流体的制备当中，对纳米流体稳定性的提高有较显著的效果。但由于制备程序的复杂性相应地增加，从而限制了其应用范围。在纳米流体制备方法的改进与创新上，关注和研究的焦点仍应是制备工序少、操作简单、流体稳定性强等方面。

2.4 纳米流体的稳定性理论和强化机制

2.4.1 纳米流体稳定性影响因素

纳米流体的稳定性好坏是制备成功与否的关键。由于纳米粒子间具有相互连接面，其表面能的趋势、体系的稳定与否取决于颗粒间的排斥力和吸引力。前者是稳定的主要因素，后者是聚沉的主要因素。所以在纳米流体的制备过程中要尽可能地增加纳米颗粒间的排斥力、降低吸引力，使纳米流体处于稳定状态。而在纳米流体中起降低纳米粒子间引力作用的主要是溶液的 pH 值和分散剂，因此两者也就成为影响纳米流体稳定性的主要因素。

(1) pH 值的影响

对于静电稳定的分散体系，pH 值主要通过改变颗粒表面的电荷情况来影响体系的分散性。对于金属氧化物和氢氧化物，H^+ 和 OH^- 是它们的电势决定离子，通过吸附这些离子改变自身的电位来影响其分散性；颗粒表面具有酸性或碱性基团，通过调节 pH 值能抑制或增加自身的解离，改变颗粒表面电荷量，进而影响体系的分散性[86]。

He 等[87]通过分散法制备了 TiO_2-H_2O 纳米流体。制备好的纳米颗粒通常形成较大的团聚体，将其分散于水中时必须将大的团聚体打碎分散。为了将 TiO_2的团聚体分散开，将一定浓度的纳米颗粒水溶液超声处理 30 min，形成悬浮液。然后再通过中速磨处理悬浮液，进一步降低团聚体的尺寸。由于在制备过程中未使用稳定剂，则通过调节悬浮液的 pH 值至 11 来阻止纳米流体的再团聚。说明 pH 值的大小对纳米颗粒的再团聚具有一定的抑制作用，从而影响纳米流体的稳定性。

饶坚等[88]研究了 pH 值对纳米氧化锆悬浮液分散性的影响，在同等条件下制备出 pH 值分别为 7、8、9、10 的 4 组纳米流体。通过测量其流变曲线，在分析其剪切应力和分散剂的综合影响下得出的结果是：分散体系在 pH 值为 9、分散剂质量分数为 0.3%时分散稳定性最好。主要是因为在悬浮体系中，pH 值既能对静电分散效果产生影响，又能对电空间稳定效果产生影响。

Peng 等[89]通过 CuO-DW（蒸馏水）和 Al_2O_3-DW 纳米流体制备实验对比，发现纳米粒径为 20 nm、质量分数分别为 0.97%和 0.90%，分散剂分别为 SDBS 和 PEG、质量分数分别为 1.94%和 2.54%，超声扩散 3 h 的情况下，当其 pH 值分别为 9.1 和 5.2 时稳定性最好，在 3 和 12 左右时最差。可见，在不同的 pH 值下纳米流体稳定性的表现大不相同，为了获取稳定性更强的纳米流体，必须选择在最佳的 pH 值条件下制备。

王先菊等[90]制备了 Al_2O_3-H_2O 纳米流体，测试了不同 pH 值下、不同体积分数的 Al_2O_3纳米流体的 Zeta 电位。结果表明，对不同体积分数的 Al_2O_3纳米流体，pH 值存在一个优化值对应 Zeta 电位的绝对值最大，而电位的绝对值越大，纳米粒子在流体中的分散稳定性越好。对 Al_2O_3纳米颗粒而言，要得到稳定分散的纳米流体，pH 值应为 8～9。

Williams 等[91]和 Hong 等[92]的研究也表明，pH 值能够影响纳米流体的分散稳定性。单纯从稳定性的角度考虑，对不同材料的纳米粒子、不同性质的分散介质，其最合适的 pH 值范围均不相同。

在纳米流体的制备过程中，pH 值对纳米流体的稳定性非常重要，但 pH 值的确定又受纳米粒子的种类、纳米粒径大小、分散剂类型和基液的极性等因素的影响。因此，要根据具体的纳米流体制备条件，通过实验对比来确定 pH 值的最佳取值。

（2）分散剂的影响

分散剂在分散过程中的作用体现在粉体的润湿、固体粒子聚集体的破碎和分散、防止粒子的重新聚集三个阶段。欲使固体颗粒能在液体介质中分散成具有一定相对稳定性的分散体系，需要借助于分散剂以降低分散体系的热力学不稳定性和聚结不稳定性。

分散剂对纳米粒子的分散机理是降低颗粒表面张力、改善颗粒表面的润湿性、降低颗粒之间的吸引能、在颗粒之间形成有效的空间位阻，使颗粒之间的排斥能提高。

李新芳等[93]运用分散法制备了 Cu-H_2O 水纳米流体，并对其进行了对比研究。结果发现，不使用分散剂时，纳米颗粒的沉降速度很快，而在添加了适量的分散剂后，稳定性效果极为明显，说明分散剂对提高纳米流体的稳定性有显著的效果。

刘辉等[94]对比了有无分散剂情况下的 FeO-H_2O 纳米流体的稳定性。结果表明，有分散剂的情况下纳米流体的稳定性确实有了极大的提高。同时，还比较了不同分散剂种类对 FeO-H_2O 纳米流体稳定性的影响。结果发现，在同等制备条件下，以 ACT 为分散剂时，较 SDBS(十二烷基苯磺酸钠)、乳化剂 OP(聚乙二醇辛基苯基醚)、CTAB(十六烷基三甲基溴化铵)、PEG(聚乙二醇)等几种分散剂作用的稳定性好。Zhu 等[95]的研究也表明，不同类型的分散剂对纳米流体稳定性的影响程度不同。所以要根据纳米颗粒的性质、分散介质的极性等因素选择最为合适的分散剂。

宋晓岚等[96]对比了不同类型的分散剂复配对水相介质中纳米 CeO_2 颗粒分散稳定性的影响。结果表明，不同复配分散剂体系中纳米 CeO_2 颗粒表现出不同的表面电性，从而影响其分散稳定性，且在碱性条件下，混合表面活性剂能显著改善纳米 CeO_2 颗粒的分散稳定性，其中 SDBS 与 Tween80 的复配作用更为明显。在分散剂对稳定性影响的提高上，选用复配的分散剂是一个新的研究方向。

郝素菊等[80]研究了表面活性剂类型及表面活性剂质量浓度对碳管纳米流体稳定性的影响。结果发现，非离子型表面活性剂乳化剂 OP 对碳管纳米流体的稳定性作用效果最好，且表面活性剂的质量浓度存在一个最佳值，高于或低于该值，碳管纳米流体的稳定性均不是很好。除分散剂类型外，在研究纳米流体稳定性影响因素时，分散剂的质量浓度也必须加以考虑。

谭强强等[97]研究了分散剂用量对纳米四方多晶氧化锆悬浮液稳定性的影响。结果表明，聚电解质分散剂聚丙烯酸铵使纳米四方多晶氧化锆粉体达到饱和吸附的分散剂用量为1.0%(质量分数)，过高的电解质浓度反而会破坏悬浮液的稳定性。

分散剂的类型及质量浓度对纳米流体的稳定性均有影响，但因制备条件不同，故很难确定合适的分散剂类型及质量浓度。因此，只能在借鉴已有制备经验的基础上根据具体的实验要求，实验探索最合适分散剂及添加量。

(3) 其他影响因素

对于纳米流体的稳定性，分散介质(即基液)也是一个很重要的影响因素。王补宣等[98]通过实验观察到，由 CuO 和 SiO_2 纳米颗粒构成的悬浮液中，水为基液的悬浮液稳定性最差，丙三醇为基液的悬浮液稳定性相对于水和乙二醇为最好。尽管这三种基液的密度和极性相差不大，但丙三醇和乙二醇的动力黏度则较水大很多。基液黏度的增加明显提高了纳米流体的悬浮稳定性，可见纳米流体的稳定性还受基液性质的影响。

此外，纳米颗粒的形状、粒径的大小及颗粒浓度对纳米流体的稳定性也能产生影响。球形纳米材料的悬浮稳定性较线形纳米材料好。球形纳米材料分散于液体介质中时，所受浮力及重力易于达到平衡，且相邻颗粒的接触面积较小，不易吸附团聚，而线形纳米材料则不具备这些优点。对于同样材料的纳米粒子，粒径越小，所受重力影响越小，悬浮稳定性也越强。对于同等条件下制备的纳米流体，纳米颗粒浓度越小，颗粒间的接触概率就越小，从而降低纳米颗粒的团聚可使纳米流体的稳定性增强。

应用超声分散法制备纳米流体时，超声功率、水浴温度及超声时间均能对纳米流体的稳定性产生影响。超声功率及水浴温度过高，将导致液体过热，使纳米颗粒的碰撞概率增加，反而使纳米颗粒的团聚进一步加剧，对稳定性产生不利影响。

刘辉等[94]实验对比了超声时间对 FeO-H_2O 纳米流体稳定性的影响。实验结果表明，在纳米颗粒及分散剂质量分数均为 0.1%、超声功率为 200 W 及超声时温度为 25 ℃、超声时间为 3 h 时的稳定性最好。

总之，在具体的制备过程中应通过实验对比确定各种合适的参数，以消除或减少对纳米流体稳定性不利的因素，增强所制备纳米流体的稳定性。

2.4.2 稳定性理论

由于具有较高的表面能，纳米粒子在分散介质中处于亚稳定状态[99]，总是趋向于通过团聚以降低比表面积，从而降低自身能量。在润滑剂中，纳米粒子通过与分散介质相互作用，以胶体形式存在[100]。DLVO 经典理论描述了粒子在分散剂中的状态，粒子的分散是范德华力以及静电斥力相互作用的结果[101]。1937 年，Hamaker 提出了溶胶粒子间引力势能的表达式：

$$V_A = -\frac{A_{212} r}{12H} \tag{2-4}$$

式中　V_A——溶胶粒子间引力势能，J；

A_{212}——有效 Hamaker 常数；

H——粒子间距离，m；

r——粒子半径，m。

常见物质的有效 Hamaker 常数见表 2-3。通常粒子在分散介质中的有效 Hamaker 常数要比真空中小。

表 2-3　常见物质有效 Hamaker 常数

物质	$A_{212}\times10^{20}$（微观法）	$A_{212}\times10^{20}$（宏观法）
聚苯乙烯	0.55～4.78	0.41～0.53
二氧化硅	0.28～0.67	暂未测出
碳	60	暂未测出
金刚石	18.5～33	6.9～12.4
石英	1.38～5.6	1.2～1.3
碳氢化合物	0.08～0.37	暂未测出

对于粒子在分散介质中的静电斥能，仅在胶体粒子外部电层的结构重叠很少时，或者电解质为单一对称型时由式(2-5)描述[102]：

$$V_R=\frac{64\pi rn_0kT\gamma_0^2}{\kappa^2}\exp(-\kappa H) \tag{2-5}$$

式中　V_R——溶胶粒子之间的静电斥能，J；

n_0——溶液中正、负粒子的数密度，m^{-3}；

κ——胶体粒子周围双电层厚度倒数，m^{-1}；

γ_0^2——表面电势参数。

在较为复杂的分散剂中，式(2-5)一般可用于定量分析。将粒子在分散介质中的静电斥能与引力势能叠加，如图 2-5 所示。当引力势能占优时，粒子偏向于通过布朗运动而聚沉；当静电斥能占优时，粒子偏向于通过弹性碰撞稳定存在。

叠加所得到的势能曲线中不仅出现了一个很深的低谷，还出现了一个较高的能峰，成为势垒；只有能量高于势垒的粒子才将进入低能量区域从而发生团聚[103]。纳米粒子由于具有很高的能量，因而在分散剂中易于团聚。

对于纳米流体来讲，稳定性是最具关键性的因素，这是由于纳米粒子具有较高的表面能而呈现出相互吸引的趋势。根据 DLVO 理论，粒子在溶液中的

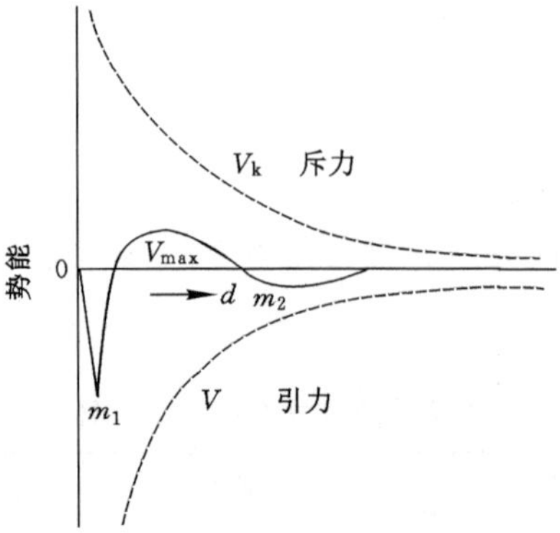

图 2-5 斥力势能与引力势能叠加

稳定性是由两部分作用力组成的:一是作为吸引力的范德华力的总作用力;二是由于双电层引起的分子间的互斥力[104]。如果能量势垒不足以阻碍体系达到更低的能量状态,即范德华力的总和大于粒子间双电层的互斥力,那么纳米粒子在基础液中就会趋于互相团聚和沉积。反之,纳米流体则趋于稳定。

影响纳米流体稳定性的机制可以归纳为两类:其一是空间位阻;其二是静电双电层,如图 2-6 所示。对于空间位阻,一些添加剂如分散剂、表面活性剂等,均有阻碍纳米流体中纳米粒子互相团聚的作用。这些表面活性剂一端吸附在纳米粒子的表面,而另一端则游离在纳米流体中,阻止纳米粒子相互靠近,从而实现纳米流体的稳定;而对于静电双电层,假如纳米流体中纳米粒子因吸附了带电离子而带电,就会形成静电双电层,如图 2-6(b)所示,静电双电层会在纳米粒子之间形成一种互相排斥的作用力。

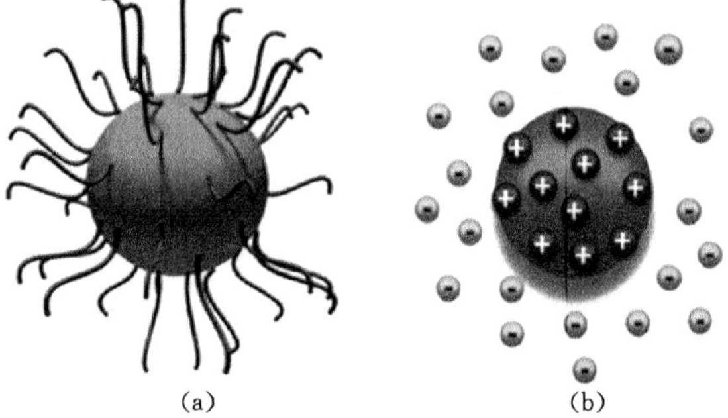

图 2-6 实现纳米流体稳定性的两种方式[105]

(a) 空间位阻效应示意图;(b) 静电双电层效应示意图

表面活性剂对纳米流体稳定性的影响研究，已经被广泛报道。Yang 等[106]将 Al_2O_3分散到氨水溶液中制备得到纳米流体，并以十二烷基苯磺酸钠(SDBS)作为表面活性剂，研究了不同浓度 SDBS 对纳米流体稳定性的影响。研究表明，随着 SDBS 浓度的逐渐增加，纳米流体的稳定性呈现出先降低，而后升高，最后再降低的趋势。

目前主要通过沉降法、粒度观测法、Zeta 电位法和分光光度法等来研究纳米粒子在基体介质中的分散稳定性。

(1) 沉降法

斯托克斯定律是粒子半径与粒子在静水中自由沉降速率的关系式[107]。根据斯托克斯公式[式(2-6)]，液体介质中粒子的沉降速度与粒子的粒径、液固介质的密度差、液相的黏度及重力加速度有关。当液相介质及重力加速度固定后，影响沉降速度的因素则为粒子的密度及粒度，其中粒径的平方与沉降速度成正比，是影响纳米流体稳定性的主要因素。

$$v_T = \frac{2gR^2(\rho - \rho')}{9\eta} \tag{2-6}$$

式中　v_T——粒子的沉降速度，m/s；

$\rho-\rho'$——液固介质的密度差，kg/m^3；

R——粒子半径，m；

g——重力加速度，m/s^2；

η——液相的黏度，Pa・s。

沉降法可以直观地反映纳米粒子在液体介质中的分散稳定性，而且操作简便，常作为分散剂的粗选及其他方法的验证。该方法的不足之处是对于分散稳定性好的纳米悬浮液而言，很难精确指出沉降界面的位置，且容易受到观察者影响，误差比较大。

(2) 粒度观测法

粒度观测法是通过观测分散体系中纳米粒子的粒度或粒径分布来进行研究的评估方法。分散稳定性好的分散体系中纳米粒子的尺寸应该是一次纳米粒子的尺寸。相反粒度较大者，一方面说明该体系有一定程度的团聚，另一方面说明纳米粒子在体系中所受重力影响较大，沉降速度加快，从而加速了体系的不稳定性。测量纳米粒子粒度的方法很多，如使用透射电镜和粒度分析仪等仪器[108]。

(3) Zeta 电位法

纳米粒子分散到液体介质中，粒子表面带有一定数量的静电荷，吸引同等数量的相反电荷在其周围，紧密层和扩散层交界处滑动面的电位为 Zeta 电位。Zeta 电位的绝对值较大时，粒子之间的静电斥力占优势，不易团聚，说明体系分散稳定好；相反，Zeta 电位的绝对值较小时，粒子之间的范德华力占优势，容易团聚，说明体系分散稳定性差。因此，可以通过测量纳米粒子表面 Zeta 电位的大小来评估分散体系的分散稳定性[109]。Zeta 电位法的最大优点是可以很快地得出实验结果。

（4）分光光度法

纳米流体中纳米粒子对一定波长的入射光有吸收作用，纳米粒子越多则吸收的光也越多，悬浮液的透光率也就越小。因此，可以通过测量分散体系透光率的方法来衡量纳米粒子的分散稳定性，透光率越小则说明分散体系中沉降的纳米粒子越少，也即其分散稳定性越好，当透光率不再变化时则说明纳米粒子达到了分散稳定的状态。在相同条件下，对于不同的分散体系，透光率小的分散稳定性好。透光率的测量一般用分光光度计。分光光度法的优点是直观、省时，但是比较适合浓度较小的稀溶液，当纳米粒子浓度较大时有一定的局限性。

2.4.3 稳定性强化形式

对于两步合成法制备得到的纳米流体，为了获得较好的稳定性，往往会使用一些物理或化学方法对纳米粒子进行修饰。本节将简要地介绍添加表面活性剂、表面改性以及超声波分散等用于提高纳米流体稳定性的方式。

（1）添加表面活性剂

表面活性剂是连接纳米粒子和基础液的桥梁[110]。添加分散剂可以降低基础液的表面张力，提高纳米粒子在基础液中的润湿性。Kecheng 等[111]通过溶胶凝胶法，并用油酸作分散剂，制备得到了直径大约 20 nm 的球状 La 掺杂 TiO_2纳米粒子。Zin 等[112]分别用十二烷基硫酸钠（SDS）以及聚乙烯吡咯烷酮（PVP）作分散剂，研究了纳米铜在乙二醇中的分散稳定性。结果表明，PVP 作分散剂时，纳米流体有着较好的分散稳定性。同样，Xia 等[113]也研究了 SDS 和 PVP 对 Al_2O_3-H_2O 纳米流体稳定性的影响。

添加表面活性剂是一种有效地提高纳米流体稳定性的方法。然而，表面活性剂的加入，往往会引起纳米流体黏度的提高[114-117]。一般来讲，黏度越大，纳米流体的摩擦学性能越优异。但对于纳米流体润滑却并非如此，随着黏度的增大，纳米流体中纳米粒子的流动性受到影响，当过量的表面活性剂加入时，不能保证有足够的纳米粒子进入摩擦接触区，从而会导致纳米流体润滑性能的下降。此外，表面活性剂往往对温度非常敏感，在较高的温度下，表面活性剂也容易发生分解而失效。

（2）表面改性

纳米粒子表面可以通过功能化官能团进行改性，使用改性的纳米粒子制备纳米流体往往不需要分散剂即可获得较好的稳定性。Kim 等[118]将改性的 CeO_2 加入甲醇中，仅仅通过超声波就获得了分散性良好的 CeO_2-甲醇纳米流体。Pati 等[119]提出了一种简单的制备稳定纳米 Fe_3O_4 纳米流体的方法，首先制备出 Fe_3O_4 纳米粒子，在 NaOH 碱性溶液中进行皂化，提纯后在 150 ℃下干燥，最后将干燥后的纳米粒子加入水中，超声处理 30 min 即可获得稳定分散的纳米流体。碳纳米管（CNTs）经过 HNO_3-H_2SO_4 混合溶液的改性，可以在其表面形成亲水性的官能团，分散到水中亦能够获得较为稳定的纳米流体[120]。

2.5　纳米流体的物理性能

纳米流体的概念是 1995 年由 Choi 等首次提出的，特指包含纳米粒子（<100 nm）的稀胶体悬浮液。近年来，纳米流体的通用定义稍有改变，即纳米粒子的尺寸上限降为 50 nm，流体中粒子体积分数不超过 1%。理想的纳米流体应该具备以下条件：高热导率、低黏性、良好的稳定性和兼容性，且经济廉价。纳米流体的概念提出后，引起了国内外学者的关注和研究。有关纳米流体研究涉及的内容有：制备及稳定性研究、热导率的影响因素及模型研究、比热容研究、强化传热机理研究以及流变特性研究等。纳米流体各个方面的研究不是孤立的，而是密切联系、互相促进的，如图 2-7 所示。

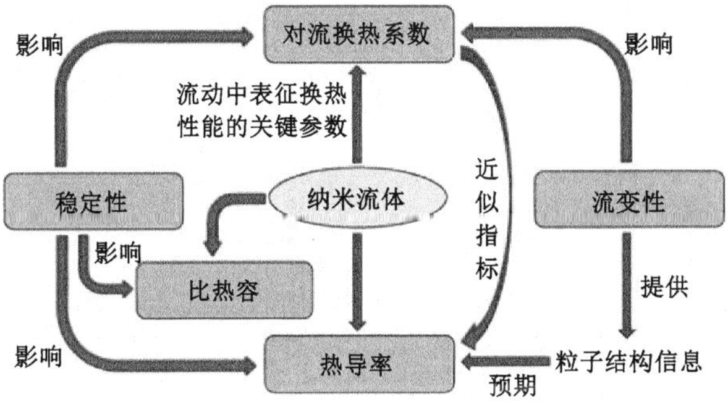

图 2-7　纳米流体各部分研究关系图

在传热领域，纳米流体的研究目标是以最小的浓度和最稳定的悬浮粒子得到最高可能的传热性能。对流换热系数是流动状态下表征纳米流体强化换热能力的一个关键参数，热导率则被认为是纳米流体导热性能的可靠指标。与对流换热系数相比，纳米流体的热导率更易测量，因此，热导率的提高程度被用来近似表征纳米流体传热性能。纳米流体的比热容反映了其传热及储热能力，是代表纳米流体重要属性的热力学参数之一；确定其他相关的热物理性质如热扩散系数和普朗特数，也需以比热容数据为基础，因此比热容也是纳米流体领域重要的参数之一。纳米流体是在流动状态下发挥优越性能的，其流变行为直接影响着对流换热性能。另一方面，液体的流变行为可以提供纳米粒子的结构信息，而根据纳米粒子的结构信息可以预测纳米流体的热导率，因此，对流动关键参数黏性的研究也是一个重要的方面。纳米流体悬浮液中，纳米颗粒的高表面活性使其容易发生团聚进而沉淀，从而影响导热性能，因此纳米流体的稳定性研究也是纳米流体进入应用阶段之前需要解决的关键问题之一。考虑到以上几点，笔者以下主要从纳米流体的热导率、对流换热系数、比热容、黏性等几个部分的实验及理论研究进展进行系统的总结和讨论。

2.5.1 纳米流体的热导率

导热系数是反映纳米流体导热性能的最基本的热物理性质之一，纳米流体因为具有流动性，其导热系数的测定要比固体困难得多。目前，液体导热系数测量的方法主要有：准稳态平板法[121]、热针法[122]、瞬态热线法等[123]。瞬态热线法为目前国际上公认的测量流体导热系数最准确的测量方法之一，而纳米流导热系数测量也基本上使用该种方法。测量原理为：对处于无限大介质中的无限长线热源，在初始的热平衡状态下，突然加热一段时间，测量加热过程中线热源的温度变化情况，然后根据下式确定：

$$\lambda=\frac{q}{4\pi G}=\frac{q}{4\pi(\mathrm{d}\Delta T/\mathrm{d}\ln t)} \tag{2-7}$$

式中 q——单位长度热丝的发热量；

ΔT——热丝的温升；

t——加热时间。

在实验过程中，只需要测量热丝的温升随时间对数变化的关系，就可以确定介质的导热系数。

(1) 国内外纳米流体导热系数的实验研究

Masuda 等[124]最先报道采用氧化物纳米颗粒制备的纳米流体进行导热系数的研究工作。他们在水中分别添加平均粒径为 13 nm 的 Al_2O_3和平均粒径为 27 nm 的 TiO_2 粒子，制备了不同体积分数的 Al_2O_3-H_2O 和 TiO_2-H_2O 纳米流体，并用瞬态热线法测量其导热系数。研究结果表明，在液体中添加纳米粒子，显著增加了液体的导热系数。如在水中分别添加体积分数为 4.3% 的 Al_2O_3 和 TiO_2 粒子，纳米流体的导热系数将比纯水提高 32% 和 11%。

Lee 等[125]进一步研究氧化物纳米颗粒体系纳米流体的导热系数，测量了与 Masuda 等[124]实验研究中相同体积含量的 Al_2O_3-H_2O 纳米流体的导热系数，但由于其采用的 Al_2O_3 纳米粒子的平均直径为 38 nm，所以其导热系数仅仅提高了 15%。另外，还测量了平均粒径为 38 nm 的 Al_2O_3-乙二醇、平均粒径为 24 nm 的 CuO-H_2O 和 CuO-乙二醇纳米流体的导热性能，结果发现平均粒径相同时，以乙二醇为基液的 Al_2O_3 和 CuO 纳米流体的导热性能高于以水为基液的 Al_2O_3 和 CuO 纳米流体的导热性能，说明导热系数的提高与基液的性质也有关系。

Eastman 等[126]实验分析比较了金属氧化物纳米流体与金属纳米流体的导热系数大小，研究中测量了 CuO-H_2O、Al_2O_3-H_2O、Cu-机油等几种纳米流体的导热系数，得出结论：① 纳米流体的导热系数随纳米粒子的体积份额的增加而增大，如将平均粒径为 18 nm 的 Cu 纳米粒子加入到体积分数为 1%～6% 的机油中，纳米流体的导热系数比机油可提高 15%～45%；② 纳米粒子的性质是影响纳米流体导热系数的主要因素，在水中添加相同体积份额的 CuO 和 Al_2O_3，则 CuO-H_2O 纳米流体的导热系数比 Al_2O_3-H_2O 纳米流体的导热系数大。之后，他们[127]又对 Cu-乙二醇纳米流体导热系数进行测量。结果显示，Cu-乙二醇纳米流体的导热系数远大于 CuO-乙二醇及纯乙二醇的导热系数。在乙二醇基液中添加体积分数为 0.3%、平均粒径 10 nm 左右的 Cu 纳米颗粒，其导热系数将提高 40%；而添加体积分数为 1.0%、平均粒径也为 10 nm 左右的 CuO 纳米颗粒，其导热系数提高不到 5%。再次验证了纳米粒子的属性是影响纳米流体导热系数的一个重要因素。同时，他们还发现酸类添加剂可以增加悬浮液的稳定性，从而增加纳米流体的导热系数。

Das 等[128]主要考查了温度对 CuO(28.6 nm)-H_2O、Al_2O_3(38.4 nm)-H_2O 纳米流体导热系数的影响，实验发现当温度在 21～52 ℃时，纳米流体的导热系数有 2～4 倍的增加，说明纳米流体作为制冷液体时，它可以在比室温更高的温度下工作；小尺寸纳米颗粒组成的纳米流体的导热系数明显高于大尺寸纳米颗粒组成的纳米流体的导热系数。

Peterson 等[129]更进一步用实验验证温度、纳米粒子体积含量对 CuO(29 nm)-H_2O、Al_2O_3(36 nm)-H_2O 纳米流体导热系数的影响。结果表明，纳米粒子的属性、体积含量、温度等对纳米流体的导热系数有显著的影响。如Al_2O_3-H_2O纳米流体，当温度从 27 ℃增大到 34.7 ℃时，其导热系数近乎增加了 3 倍。

Murshed 等[130]主要研究了纳米粒子尺寸和形状对导热系数的影响，以TiO_2-H_2O 纳米流体为例进行分析，TiO_2颗粒的形状分别为棒状（$\phi 10\times 40$）和球形（$\phi 15$）。结果发现，纳米粒子的尺寸和形状对导热性能有重要的影响。在体积分数为 5%的相同含量下，其导热系数分别提高了 33%和 30%。

Hong 等[131]首次研究以 Fe 为纳米颗粒制备的纳米流体的导热系数。其中，Fe 粒子平均粒径为 10 nm，基液为乙二醇。他们发现体积含量为 55%的 Fe-乙二醇纳米流体的导热系数将比基液增加 18%；Fe 纳米流体比 Cu 纳米流体显示出更强的导热性能，表明具有高导热系数的纳米颗粒并不总是改善基液导热性能的最佳选择。之后，Hong 等[132]还研究了 Fe 纳米粒子的团聚对纳米流体导热系数的影响，指出 Fe 纳米粒子的团聚对导热系数有直接的影响，是 Fe 的含量与纳米流体导热系数的增加呈非线性关系的原因。

Patel 等[133]将贵金属金和银涂上钍和柠檬酸盐置于水和甲苯中制备的纳米流体，测试其导热系数后发现，纳米银粒子体积百分含量仅有 0.000 26%的柠檬酸盐银-水纳米流体，温度从 30 ℃增加到 60 ℃，其导热系数竟可以提高 5%～21%；而金含量只有 0.011%时，其导热系数可以提高 7%～14%。这种有趣的现象预示着纳米流体导热系数不仅与粒子的尺寸有关，还与粒子的运动有密切的关系。而且他们还发现，纳米流体导热系数的增加与温度呈非线性关系，与纳米粒子的含量几乎呈线性关系。此外，重要的化学因素，如金属表面与溶剂介质直接接触，对纳米流体导热系数也有重要的影响。

Assael 等[134]等研究了分散剂对多壁碳纳米管-水纳米流体导热系数的影响。在纳米流体中加入质量分数为 0.1%的十二烷基苯磺酸钠作为分散剂，当加入质量分数为 0.6%的碳纳米管时，其导热系数的最大增加量约为 38%，造成这种现象的原因可能是分散剂与碳纳米管进行了反应，使碳纳米管的表面受到了影响。Assael 等[135]反复做了类似的测量，但采用 CTAB 和 AQ 作分散剂，在相同含量的情况下，其导热系数增加的最大值约为 34%；此外，他们还讨论了表面活性剂的聚集对纳米流体导热系数的影响，同时指出 CTAB 作为分散剂应用于多壁碳纳米管对导热系数的提高更好一些。

国内纳米流体导热系数研究起步较晚。宣益民等[136]首先报道了金属纳米流体导热系数的研究结果。以 Cu-H_2O、Cu-变压器油纳米流体为对象进行测试，结果发现，在去离子水中加入 2.5%～7.5%的 Cu 纳米颗粒，其导热系数可以提高24%～78%；在变压器油中加入2.5%～7.5%的Cu纳米颗粒，其导热系数可以提高10%～30%。李强等[137]进一步研究了温度对导热系数的影响，发现Cu-H_2O纳米流体的导热系数随着温度的升高而增大，与水相比，纳米流体导热系数随温度增大的比例比水导热系数增大的比例高。如温度从30 ℃升高到60 ℃，1.0%体积份额的Cu-H_2O纳米流体的导热系数增加了16.79%；2.0%体积份额的Cu-H_2O纳米流体的导热系数增加了16.31%，并验证了纳米粒子微运动是纳米流体强化导热系数的主要因素。

谢华清等[138]对非金属纳米流体导热系数进行了大量的实验研究工作。测量了平均粒径为25 nm的SiC-H_2O、SiC-乙二醇和平均粒径为600 nm的SiC-H_2O、SiC-乙二醇4个系列不同固相体积含量悬浮液的有效导热系数。结果表明，导热系数的增加量随固相含量的增加而线性增加，对于不同基液而言，相同固相体积分数含量的悬浮液导热系数增加量接近，当在水或乙醇中加入体积分数为4.2%的SiC(25 nm)时，均增加15.9%左右；当在水或乙醇中加入体积分数为4.0%的SiC(600 nm)时，均增加22.7%左右。之后，他们[139]还以水(DW)、乙二醇(EG)、泵油(PO)和辛烯(DE)为基液，将比表面积为25 m^2/g的纳米Al_2O_3粉和平均直径约为15 nm的多壁碳纳米管(MWNT)添加到基液中形成相应的纳米流体。结果表明，在辛烯内加入体积分数为1.5%的碳纳米管，其导热系数增加量达到32.5%；不论使用哪种基液，含碳纳米管的纳米流体导热系数增加量均远大于含Al_2O_3粉的纳米流体；以EG-DW混合液、泵油和丙三醇为基液含Al_2O_3粉体的纳米流体，其导热系数增加量很明显随基液导热系数增加而减小。

李芃等[140]主要测定了不同体积份额、不同温度下CuO-H_2O纳米流体的导热系数。研究结果表明，温度对纳米流体导热系数的影响与纳米粒子的体积分数有关。当CuO粒子的平均粒径为30 nm，体积分数分别为0.1%、0.5%和1.0%，温度低于25 ℃时，温度对纳米流体导热系数的影响不显著；在CuO纳米粒子的体积分数为1%的条件下，当温度高于25 ℃时，纳米流体的导热系数随着温度的升高而急剧升高；当温度为55 ℃时，纳米流体的导热系数是去离子水的1.6倍以上。

王涛等[141]利用激光闪光法测量了SiO_2-H_2O纳米流体的导热系数，分析了不同粒径、不同体积分数下纳米流体导热系数的提高。平均粒径为70 nm的SiO_2-H_2O纳米流体，当体积分数为1.3%时，该纳米流体导热系数比纯水提高了24%，同样体积分数情况下，平均粒径70 nm的悬浮液导热系数的提高明显高于较大颗粒的悬浮液的导热系数。

郭顺松[142]比较了 SiO_2 纳米粉和 Al_2O_3 纳米粉所形成的纳米流体的导热系数大小。测试了 7 nm 和 40 nm 的 SiO_2-H_2O 和 14 nm 的 Al_2O_3-H_2O 纳米流体的导热系数，结果发现 Al_2O_3-H_2O 在体积份额为 1.6%时，导热系数增大了 12%，而粒径为 7 nm 的 SiO_2-H_2O 纳米流体在体积分数为 3.0%时提高了 8.5%，粒径为 40 nm 的 SiO_2-H_2O 水纳米流体在体积分数为 3.6%时提高了 6.5%。这表明 Al_2O_3-H_2O 纳米流体导热系数提高明显优于 SiO_2 纳米流体。

彭小飞等[143]对具有代表性的金属（Cu、Al）、非金属（石墨）、金属氧化物（CuO、Al_2O_3）、陶瓷（AlN）等纳米粒子，基液为水形成的纳米流体进行导热系数研究，分析了粒子体积分数、粒径、温度、分散剂等因素对纳米流体导热系数的影响。结果表明，低体积分数纳米流体的导热系数比基液有较大幅度的提高，最大可达 40%左右；纳米流体的导热系数随着粒径的增大而减小，随着粒子体积分数的增大、温度的升高而增加，且分散效果越好的纳米流体导热系数越大。

毕胜山等[144]以制冷剂 HFC134a 为基液，对 TiO_2(50 nm)-HFC134a 纳米流体的导热系数进行了实验研究，实验浓度分别为 0.01 g/L、0.25 g/L、0.05 g/L、0.01 g/L 和 0.2 g/L，温度范围为 288.15～303.15 K。实验研究结果发现，与纯 HFC134a 制冷工质相比，TiO_2-HFC134a 纳米流体导热系数的增加量随着颗粒浓度和温度的增加而增大，当颗粒浓度为 0.2 g/L 时，导热系数提高了 7.9%。

纵观国内外研究者对纳米流体导热系数的研究工作，可以看出：纳米流体可以显著提高基液的导热系数，但其实验测量结果存在一定差异，可能与纳米粒子的性质、体积分数、形状、尺寸、温度、分散剂的种类和用量、悬浮液的分散稳定性及基液的性质有关，有待于进一步探讨。基于此，未来我们应该进一步采用先进、精确的测试方法和手段对多种纳米流体导热系数进行实验研究，积累丰富的实验数据，为纳米流体的研究提供更多的实验数据和理论依据。

(2) 纳米流体热导率的影响因素

纳米颗粒的体积分数、大小、种类以及形状，本相流体的种类、温度、添加剂、酸碱度等因素都会影响纳米流体的热导率，其影响表现在：

① 随着纳米颗粒体积分数的增加，纳米流体热导率提高，并且提高程度是非线性的[128]。

② 随着纳米颗粒尺寸的减小，纳米流体的热导率增加。如 Li 等[145]的实验结果表明，对 Al_2O_3-H_2O 纳米流体，在相同的体积分数和测试温度下，

36 nm 的粒子构成的纳米流体其热导率要高于 47 nm 的体系。但是，纳米颗粒在何种范围内，纳米流体的热导率随着颗粒的减小而增大，目前还没有统一的标准。相反地，有研究结果发现[146]，当纳米粒子的尺寸减小至量子尺寸时，纳米流体的热导率与本相流体相比并没有提高，此结果表明小粒子的纳米流体体系更为复杂。

③ Xie 等[147]和 Timofeeva 等[148]的研究工作都表明，拉长形状（如柱状）的纳米粒子组成的纳米流体其热导率要高于球形纳米粒子。

④ 纳米颗粒的种类对纳米流体热导率的影响分两种情况，对热导率较低的纳米颗粒（如金属氧化物[125]），纳米颗粒种类不影响纳米流体的热导率；而对于热导率较高的纳米颗粒（如金属[149]）则不然，在一定的纳米颗粒体积分数下，不同种类的纳米颗粒组成的纳米流体的热导率相差比较大。

⑤ 本相流体热导率越低，则其相应的纳米流体的热导率提高的程度越大[150]。

⑥ 纳米流体的热导率强烈地依赖于温度[128]，这一点目前可以达成共识，并且其原因主要是纳米粒子的运动。但从目前的实验结果看来，温度如何影响纳米流体的热导率并没有一致的结论。根据纳米流体的不同，热导率可以随着温度的增加而增加，也可以随着温度的增加而减小，甚至有的随温度的变化并不单调。

⑦ 研究表明，纳米粒子的团聚会直接影响纳米流体的热导率[132]，很多研究者通过加入添加剂来保证纳米粒子分散在本相流体中，以此来阻止粒子之间的聚集。关于添加剂对纳米流体热导率的影响的研究，根据添加剂的种类以及添加数量的不同，研究结果在以往的文献中比较分散。大部分涉及添加剂的研究结果[149,151]表明，加入添加剂可以提高纳米流体的热导率。

⑧ 少量的文献[152]中报道了 pH 值会影响纳米流体的热导率，存在一个优化的 pH 值，此时纳米流体的热导率最高。

综上可以看出，目前在实验研究上对于纳米流体热导率的影响因素有一个定性的结论，即纳米流体能显著提高本相流体的热导率，但是对其影响规律的认知还存在许多分歧，不同的研究者对于纳米流体热导率的研究得出的结果存在一定差异，因此这方面还有待于进一步的深入研究。

（3）纳米流体的热导率模型

纳米流体的高热导率激发了人们对其内在机制进行研究的兴趣。表 2-4 列出了部分具有代表性的热导率模型。Maxwell[153]最早开始研究固-液两相混合液体的热导率，他假设混合物中固体粒子是静止的，粒子与液体间没有相对运动。Maxwell模型只适用于稀相的悬浮液(体积分数小于1%),并且不考虑粒子之间的运动。在Maxwell模型的基础上,通过考虑与纳米流体热导率有关的各种因素(包括粒子的形状[154]、粒子的分布[155]、高体积浓度[156-157]、粒子壳结构[158]和接触阻力[159]),许多研究者对Maxwell方程进行了扩展。Hamilton等[154]考虑到加入颗粒形状的不同,引入颗粒形状因子n,将Maxwell模型推广,得到H-C模型。Jeffrey[156]考虑了粒子间相互作用,提出了适用于计算粒子非均匀排列、体积分数比较大的液-固两相混合物导热系数的表达式。

表2-4　　纳米流体的热导率模型

模型	表达式	备注
Maxwell	$\frac{K_{eff}}{K_f}=1+\frac{3(\alpha-1)\varphi}{(\alpha+2)-(\alpha-1)\varphi}$	单分散球形颗粒,不考虑界面热阻,$\alpha=K_p/K_f$
Hamiton & Crosser	$\frac{K_{eff}}{K_f}=\frac{\alpha+(n-1)-(n-1)(1-\alpha)\varphi}{\alpha+(n-1)+(1-\alpha)\varphi}$	单分散球形颗粒,不考虑界面热阻,n为形状因子
Rayleigh	$\frac{K_{eff}}{K_f}=1+\frac{3\beta\varphi}{1-\beta\varphi-0.525\times\frac{K_p-K_f}{K_p+\frac{4}{3}K_f}\beta\varphi^{10/3}}$	单分散球形颗粒,不考虑界面热阻,$\beta=\frac{K_p-K_f}{K_p+2K_f}$
Jeffrey	$\frac{K_{eff}}{K_f}=1+3\beta\varphi+3\beta\varphi^2(\beta+\Sigma)$	高体积浓度,考虑粒子间相互作用,不考虑界面热阻
Davis	$\frac{K_{eff}}{K_f}=1+\frac{3(\alpha-1)}{[\alpha+2-(\alpha-1)\varphi]}[\varphi+f(\alpha)\varphi^2+O(\varphi^3)]$	高体积浓度,考虑粒子间相互作用,不考虑界面热阻

尽管以上这些方程对大粒子的稀悬浮液的热导率可以很好地预期,但是对纳米流体的实验结果与理论预测并不令人满意。这些方程或高估或低估实验结果,为了改进预期,研究者提出了不同的纳米流体热导率提高的机制。最具代表性的理论有:纳米粒子做布朗运动、纳米颗粒表面与溶液之间形成边界层、溶液中的颗粒形成凝聚团。纳米粒子的布朗运动对纳米流体热导率提高的贡献主要通过两种方式完成:纳米颗粒做布朗运动直接传递热量和导致周围液体产生微对流间接传递热量。

纳米粒子布朗运动直接的贡献从理论上分析在中低温度时可以忽略[160],因为这种条件下布朗运动的时间尺度是本相流体中热扩散的2倍多。

布朗运动间接的贡献由于同样的原因也只是发挥出微小的作用[161]。另外，纳米粒子通常是处在聚集状态，因此预期布朗运动发挥的作用更弱一些。由此可见，纳米粒子的布朗运动并不是纳米流体热导率提高的主要机制。

在固-液界面上，液体分子的排列与体相中的相比更有规则，通过和晶体的热行为类比，规则结构可以增强热导率[160]。这个建议激发了很多研究者发展理论模型来解释实验上观测到的热导率提高。然而，现在很清楚的是由于所谓的 Kapita 界面阻力，液体和纳米粒子的界面成为降低热导率的主要因素[162-163]，界面阻力对整个体系有效热导率的影响依赖于粒子的大小[164-165]。当粒子尺寸降低到与界面阻力的特征长度相当时，纳米粒子近似可看为热绝缘体，可以导致纳米流体热导率的降低[165]。

有研究结果表明，纳米粒子聚集结构是解释纳米流体热导率提高的一个主要机制[166-169]。根据这个机制，纳米粒子在流体里良好的分散会产生最低的热导率，而相互连接的纳米粒子可以提高热导率。尽管纳米粒子聚集结构能够解释实验中观测到的热导率提高现象，但并不意味着它是唯一的机制，且有待证实。

可以看出，虽然研究者从不同角度分析了纳米流体热导率提高的原因，但还没有形成一致结论。目前的理论模型只能对少数纳米流体的热导率进行预测，因此纳米流体热导率的理论预测尚需更深入研究。

2.5.2　纳米流体热导率强化机理研究

导热系数是指物质直接传导热量的能力，也称热导率，量纲为 W/(m·K)。纳米流体常用有效导热系数来表征其整体的热传导能力。Maxwell[170] 首先导出了球状粒子作溶质的不均匀溶液的有效电导率的表达式，见式(2-8)。由于导热和导电过程类似，Maxwell 方程对纳米流体的传热依然有效。

$$K_e = K_f\left[1 + \frac{3(K_s - K_f)\varphi}{(K_s + 2K_f) - (K_s - K_f)\varphi}\right] \tag{2-8}$$

式中　K_f——基础液的热导率，W/(m·K)；

K_e——溶液的热导率，W/(m·K)；

K_s——固体粒子的热导率，W/(m·K)；

φ——固体粒子的体积分数，%。

此后，Brggeman、Hamilton 和 Crosser 将 Maxwell 方程进行了扩展，使之适用于固体粒子为圆柱状或不规则形状。必须指出的是：由于约束条件($K_s \gg K_f$)的存在，式(2-8)以及由此推导出的衍生式必须服从流体热导率的渐进式，即：

$$K_e = K_f\left(1 + \frac{3\varphi}{1-\varphi}\right) \tag{2-9}$$

显而易见，式(2-9)不含固体纳米粒子热导率 K_s。Nan 等[171]研究了碳纳米管(CNTs)对纳米流体热导率的影响，并推出不同长宽比的纤维状碳纳米管(CNTs)纳米流体热导率的表达式，其表达见式(2-10)。

$$K_e = \frac{3K_f + \varphi K_s}{3 - 2\varphi} \approx K_f + \frac{\varphi K_s}{3} \tag{2-10}$$

由于 $K_s \gg K_f$，因此即使是添加很少量的 CNTs，纳米流体的热导率也会迅速升高。而添加 1.0%左右的 CNTs，则会使纳米流体的热导率提高 3～4 倍，相关文献曾对如此之高的热导率变化进行了阐述[172-173]。

对纳米流体热导率进行的研究，已有近 20 年的历史，主要集中在以下三个方面，即：① 纳米粒子的热导率；② 纳米粒子的形貌；③ 分子间的布朗运动。以下将具体对这三个方面进行介绍。

(1) 纳米粒子热导率

一般来讲，纳米粒子的热导率要比基础液高三个数量级，表 2-5 列出了一些常见的纳米粒子及基础液的热导率。由于纳米粒子的热导率远远高于基础液，因此，即使只加入微量的纳米粒子($\varphi \approx 1$)，也可能会引起纳米流体热导率的急剧升高。尽管所用的纳米粒子尺寸、形貌及浓度均有不同，但几乎所有的实验中都有热导率强化的现象出现。

表 2-5　　部分纳米粒子及基础液的热导率

纳米粒子	K_s/[W/(m·K)]	基础液	K_f/[W/(m·K)]
Ag	427	水	0.613
Cu	395	乙二醇	0.253
Al	237	机械油	0.145
黄铜	120	甘油	0.281
Ni	91	酒精	0.115
石英	10		
Al_2O_3	39		

在早期有关纳米流体的实验中，发现了其具有极高的热导率，一些研究人员将此热导率强化的现象归结于纳米流体的“无定形”。早期的热导率强化比例在 150%左右，且主要集中在碳纳米管(CNTs)的纳米流体中。碳纳米管

(CNTs)具有极高的热导率，比水高出 1 000 倍以上。长球状和长纤维纳米的一个最重要的特征是它们在长轴线的方向上的热导率明显升高，这在式(2-8)中也有所体现。然而，早期对碳纳米管(CNTs)的研究是基于 Maxwell 模型进行展开的，即将材料假定为球状或短柱状[174]。这使得热导率的理论值明显偏低于实验值，而这种偏差往往同样被归结于纳米流体热导率的“无定形”。

(2) 分子形貌及取向

从式(2-8)和式(2-10)中可以看出，纳米粒子的形貌对纳米流体的热导率有着决定性的作用。所有的理论和实验数据均表明，相比于球状粒子，长条粒子的纳米流体往往有着更高的热导率[175]。细长的纳米粒子，如圆柱体、纤维等，有着更大的尺寸，因此更有利于热量的传输。长条粒子的位向纵横比在很大程度上决定着纳米流体热导率的计算，其重要性可以从下面的例子中得到很好的解释。

在充满纳米流体的两平行平板间进行热传输，假定固体纳米粒子紧密相连，其结构会呈现两种极限取向，即：

① 纳米粒子层与热传递方向垂直；

② 纳米粒子层与热传递方向平行。

假设纳米粒子的体积分数为 φ，因此分子层在平行板间所占的体积分数也为 φ，而基础液所占的体积分数则为 $1-\varphi$。对于第一种情况，即分子层与热传递方向垂直。引入热通量 q，表示从一平板传递到另一平板的总热量。平板间的温差为 ΔT_1、ΔT_2 和 ΔT_3，可得：

$$\Delta T_1 + \Delta T_3 = \frac{qL(1-\varphi)}{K_f}; \quad \Delta T_2 = \frac{qL\varphi}{K_s} \tag{2-11}$$

三种温差之和等于总的温差，即：

$$\Delta T = q\left[\frac{L(1-\varphi)}{K_f} + \frac{L\varphi}{K_s}\right] \tag{2-12}$$

由于 $q = K_e \Delta T$，结合式(2-9)，两平行平板间的有效热导率可以表达如下：

$$\frac{1}{K_e} = \frac{1-\varphi}{K_f} + \frac{\varphi}{K_s} \tag{2-13}$$

一般来讲，纳米流体中的纳米粒子含量往往较小($\varphi \leqslant 5\%$)，并且纳米粒子的热导率远高于基础液，在这种情况下，式(2-10)可以用渐进式表示为：

$$K_e = K_f(1+\varphi) \tag{2-14}$$

对于第二种情况，即分子层平行于热传输方向，总的热通量为：

$$q=[K_f(1-\varphi)+K_s]\frac{\Delta T}{L} \tag{2-15}$$

设纳米流体的有效传热系数为 K_e,则有

$$K_e=K_f(1-\varphi)+\varphi K_s \tag{2-16}$$

同样,当纳米流体中纳米含量较低,且热导率远远高于基础液时,有:

$$K_e=K_f+\varphi K_s \tag{2-17}$$

式(2-14)和式(2-17)表明,当纳米粒子在纳米流体中形成分子层时,对于分子层垂直于热传输方向的情况,纳米流体的有效热导率无明显提升;而对于分子层平行于热传递方向时,纳米流体的热导率随纳米粒子的体积分数呈线性递增。

(3) 布朗运动

纳米粒子在基础液中的布朗运动是纳米流体微传动及机械传输的首要机制,这种机制往往会引起较高的质量传输和热传输。基于此,量化布朗运动对纳米流体热导率的影响势在必行。由于在实验中很难发现布朗运动以及由此引起的微传动,因此大部分对此机制的研究都是基于理论和数据的分析。然而,并不是所有的研究人员都认可布朗运动对纳米流体热导率强化有重要影响这一结论。一些文献[176]列出了布朗运动对纳米流体热导率的影响的相关研究。

首先,考虑到纳米粒子形貌及其相对较高的热导率引起了纳米流体热导率的提高,86%的学者认为这两个因素导致了热导率 15%的实验误差[177]。因此,布朗运动只起到了很微小的作用,且这些微小的作用有助于降低实验误差。

其次,布朗运动引起了纳米流体的"振动",这种"振动"有利于质量和能量的传输。如由湍流引起的振动以及大分子的扰动在很大程度上决定了纳米流体热量和质量的传输[178-179]。当然,布朗运动在纳米流体中引发的"振动"在量级上要低于湍流引发的"振动"。

最后,纳米粒子的布朗运动对纳米流体热导率有重要影响这一结论可以很好地解释"温度对纳米流体的热导率有重要影响"的现象[180]。大多数学者认为,高温下引发的更为剧烈的布朗运动以及由此产生"微传动",是纳米流体热导率对温度敏感的根源。

2.5.3 纳米流体的对流换热系数

强制对流换热系数是设备换热性能的重要指标,因此,测定纳米流体对流换热系数有着工程实际意义,但是目前关于对流换热这方面的研究还非常有

限。对纳米流体对流传热的研究多集中于实验研究，图 2-8 所示是一套用于测量纳米流体传热系数的常见装置[181]，装置是一套环形管路，包括温度、压力和流动速率等测试点以及加热、冷却和流动控制系统，一个装有流通阀的 2 L 玻璃容器用来储存流体。测试部分是一个带有夹套的 1 m 长的管路，内管是直径 6 mm、厚度 0.5 mm 的铜管，外管是直径 32 mm 的不锈钢管。图 2-8 中，纳米流体由泵驱动在铜质内管中流动，而饱和蒸汽在不锈钢夹套中流动以保持系统温度恒定。10 个热电偶焊接在内管壁上，间隔 10 cm，用于测量壁的温度，两个热电偶在入口端和出口端浸入到流体中，测量纳米流体的主体温度，热电偶的测量精度是 0.1。使用这套装置，Heris 等[181]测量了体积分数为 0.2%、0.5%、1.0%、1.5%、2.0%和 2.5%的 Al_2O_3-H_2O 纳米流体的对流换热系数。

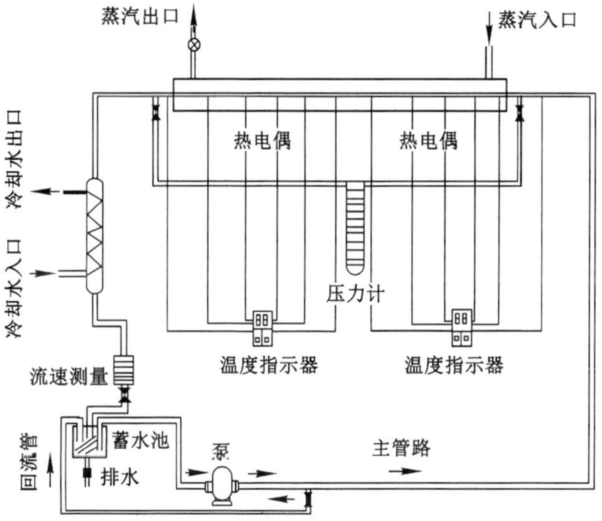

图 2-8　纳米流体对流换热系数的测量装置

目前关于纳米流体对流换热的实验研究集中于水平圆管内的对流换热特性，主要包括不同纳米颗粒种类、不同纳米颗粒体积分数、不同管径、不同温度、不同流动状态以及不同流动产生原因下纳米流体的对流换热系数[182-187]。然而由于采用的纳米流体不同，实验条件不同，获得的影响规律也存在诸多分歧。

Xuan 等[187-188]研究了 Cu-H_2O 纳米流体在层流与湍流状态下圆管内的对流换热系数及摩擦阻力系数。结果表明，通过在水中添加铜纳米颗粒显著增大了流体的对流换热系数，而摩擦阻力系数并未增加。Heris 等[189]研究了

γ-Al_2O_3-H_2O 纳米流体在层流状态下的对流换热，发现对流换热系数与雷诺数、Al_2O_3纳米颗粒体积分数成正比。He 等[190]对 SiO_2-H_2O 纳米流体在层流和湍流状态下的对流换热进行了研究。结果表明，对流换热系数随着纳米颗粒体积分数的增加而增大，且在湍流状态下提高的幅度高于层流状态，在 $Re=5\ 900$ 的湍流状态下，添加 1.1%SiO_2(体积分数)纳米颗粒后纳米流体的对流换热系数提高 40%以上。与以上研究相反，Pak 等[191]对 3.0%(体积分数)的 Al_2O_3-H_2O 和 TiO_2-H_2O 两种纳米流体的对流换热系数进行了研究。结果显示，在相同流速情况下，纳米流体的对流换热系数比水小 12%。Putra 等[184]对 Al_2O_3-H_2O 和 CuO-H_2O 纳米流体在自然对流过程中的换热系数进行了研究，与强制对流不同，自然对流过程中换热系数降低。

由此可见，相对于纳米流体热导率的研究，目前对流换热方面的研究要少得多，并且不同研究者的结果也不一致。

2.5.4 纳米流体的比热容

(1) 纳米流体比热容的实验研究

纳米流体是将纳米颗粒与基液混合制备而成的，根据基液种类不同，可粗略分为水基-亲水基(乙二醇等)、导热油基以及高温熔盐基纳米流体，分别用作 100 ℃以下、100～300 ℃、300 ℃以上不同温度范围的储热与传热介质。

对纳米流体比热容的研究，最初多集中于传统水基-亲水基纳米颗粒悬浮液体系[192-195]，重点考虑纳米颗粒的添加对纳米流体比热容的影响。结果表明，添加纳米颗粒后的悬浮液比热容相比基液有所降低。例如，Namburu 等[192]对 SiO_2-乙二醇-H_2O 悬浮液比热容测定的结果表明，随着纳米颗粒的加入，悬浮液的比热容有所下降，在 SiO_2纳米颗粒的体积分数为 10%时，悬浮液比热容降低了 12%。Zhou 等[193]对 Al_2O_3-H_2O 悬浮液的比热容测定结果也表明，悬浮液的比热容相比基液水有所降低，并且悬浮液的比热容随着纳米颗粒体积分数的增加而降低，在 Al_2O_3纳米颗粒体积分数为 21.7%时，悬浮液比热容降低了 40%。与此相同，ZnO-乙二醇-H_2O 悬浮液的比热容在纳米颗粒体积分数为 7%时也观测到降低了 20%[194]。对导热油基纳米颗粒悬浮液比热容的研究较少，仅有 Nelson 等[196]对合成基础油聚 α 烯烃中添加石墨纳米颗粒后的比热容进行了报道。研究结果显示，比热容的变化不同于水基-亲水基纳米颗粒悬浮液，随着纳米颗粒的加入，悬浮液比热容增加，聚 α 烯烃中添加 0.6%(质量分数)石墨纳米颗粒后悬浮液的比热容提高了 50%。

(2) 熔盐纳米流体比热容提高的机制

在纳米流体的传热与流动研究中，常采用基于热平衡的传统有效比热容模型式(2-18)[197]来推算悬浮液的比热容。

$$C_{\mathrm{p,t}}=\frac{m_{\mathrm{np}}C_{\mathrm{p,np}}+m_{\mathrm{f}}C_{\mathrm{p,f}}}{m_{\mathrm{np}}+m_{\mathrm{f}}} \tag{2-18}$$

式中　C_{p}——比热容；

m——质量；

下标 t、np、f 分别代表纳米流体、纳米颗粒及基液。

对于常见的纳米颗粒（如 SiO_2、CuO、Al_2O_3、ZnO 等），其体相的比热容都在 1 J/(g·K)以下，小于基液的比热容[熔盐的比热容大于 1 J/(g·K)，水的比热容室温为 4.2 J/(g·K)]，根据式(2-18)可以推测，添加纳米颗粒后的悬浮液比热容比基液小，并随着纳米颗粒体积分数的增加而减小。彭小飞等[195]对传统水基纳米颗粒悬浮液 CuO-H_2O、Al_2O_3-H_2O 进行了比热容实验研究，并与比热模型的计算值进行了对比。结果显示，悬浮液比热容的实验值和计算值都比基础液体小，都随着粒子体积分数的增加而减小；然而对熔盐基纳米流体比热容的研究结果显示，悬浮液的比热容比基础熔盐大，完全不符合传统有效比热模型的预测。

Shin 等[198]在前期工作的基础上提出了熔盐纳米流体比热容提高的可能机制：不同于传统纳米流体[图 2-9(a)]，在以离子形式存在的熔盐基液中，由于熔盐中两种离子与纳米颗粒的静电作用不同，某一离子相对另一离子来说与纳米颗粒的静电作用更强，因此熔盐中一种离子会朝向纳米颗粒运动，而另一种离子会远离纳米颗粒，最终形成如图 2-9(b)所示的结构。在这种结构中，基液中一种离子的参与，会导致新增加的纳米结构数量大于加入纳米颗粒的数量。纳米结构增加，导致比表面积增加，而比表面积的增加有助于改进有效比热容[199]。

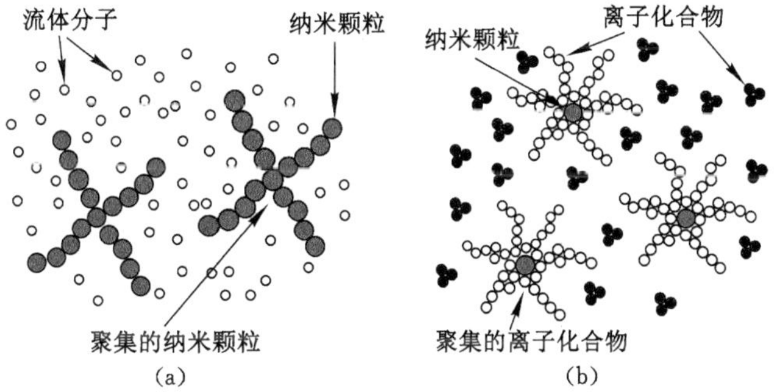

图 2-9　纳米流体比热容提高的机制

(a) 传统纳米流体；(b) 熔盐纳米流体

由上可见，目前对于纳米流体比热容的研究，无论是传统的亲水基、油基纳米颗粒悬浮液，还是高温熔盐基纳米颗粒悬浮液，还仅限于对悬浮液比热容的数据测定，纳米颗粒的添加对悬浮液比热容的影响规律还没有一致的结论，对于悬浮液中颗粒与基液的相互作用及悬浮液微观结构与性能间的关系有待进一步研究。

2.5.5 纳米流体的黏性

(1) 纳米流体黏性的影响因素

不少研究者对纳米流体的黏性进行了深入研究[200-202]。Prasher 等[203]研究了铝基纳米流体在不同基液温度、纳米颗粒大小以及纳米颗粒体积分数条件下的黏度。结果表明，随着颗粒体积分数的增大，纳米流体黏度的增加远高于纳米流体热导率的增加，使得纳米流体热性能相比基液更差。Li 等[204]对 $CuO\text{-}H_2O$ 纳米流体黏度的研究结果表明，纳米流体的黏度随温度升高而降低，随纳米颗粒体积分数升高而升高，温度的影响要比颗粒体积分数的影响更明显。对 $CNTs\text{-}H_2O$[205]体系、$Al_2O_3\text{-}H_2O$[206]体系的研究也表现出同样的实验结果。李泽梁等[207]研究了分散剂和纳米颗粒体积分数对 CuO 纳米流体黏度的影响，发现黏度随分散剂和颗粒体积分数的增加而增大。Rudyak 等[202]用数值计算模拟了不同纳米颗粒大小（1～4 nm）对纳米流体黏性的影响，结果表明纳米流体的黏性随着纳米颗粒尺寸的减小而增大。

(2) 纳米流体黏性的预测

对一般的固-液混合体系的黏度，研究者们提出了一些预测公式，Einstein[208]最早提出了无限稀释的固-液混合液体系的黏度公式：

$$\frac{\mu}{\mu_0}=1+[\mu]\varphi+O(\varphi^2) \tag{2-19}$$

式中 μ——混合液的黏性；

μ_0——基液的黏性；

$[\mu]$——特性黏度，对硬球的单分散混合液，$[\mu]$取值为 2.5；

φ——固相的体积分数。

式(2-19)就是我们熟知的 Einstein 方程，其应用范围是 $\varphi<0.01$。对 $\varphi>0.01$ 的情况，粒子间的流体力学相互作用变得重要，此时混合液的黏性由 Batchelor 方程[209]表示：

$$\frac{\mu}{\mu_0}=1+[\mu]\varphi+k_H([\mu]\varphi)^2+O(\varphi^3) \tag{2-20}$$

Batchelor 方程在 $\varphi<0.1$ 范围内有效，k_H为表征粒子间相互作用的 Huggin's 系数。对 $\varphi>0.1$，三粒子和多粒子之间的碰撞变得重要，此时的黏性由 Krieger 等[210]提出的半经验关系式表示：

$$\frac{\mu}{\mu_0}=\left(1-\frac{\varphi}{\varphi_m}\right)^{-[\mu]\varphi_m} \tag{2-21}$$

式中　φ_m——最大颗粒团分数，在不同的剪切速率下有不同的值。

上述三个公式主要体现了纳米颗粒的体积分数与纳米流体黏性之间的关系。对纳米流体来说，温度、粒子的种类、粒径等都会对结果产生影响。彭小飞等[211]的研究结果表明，纳米流体的黏度随着颗粒粒径的减小、颗粒体积分数的增大、分散剂质量分数的增大而增大，并结合理论和实验给出了计算低浓度下纳米流体的黏度修正公式。郭顺松等[212]对 SiO_2-H_2O 纳米流体的黏度进行了实验及理论研究。结果表明，在相同颗粒体积分数条件下，黏度随着颗粒尺寸的减小而增大，并对低浓度下悬浮液黏度计算公式进行了修正，修正式与实验值的最大偏差不超过 5%。刘玉东等[213]对现有悬浮液黏度公式进行了修正，得到了预期 TiO_2-H_2O 纳米流体黏度的半经验公式。Namburu 等[214]和 Ding 等[205]的研究表明，温度对纳米流体的黏度有一定的影响，而在一般的预测公式中并没有涉及温度对黏度的影响。

可以看出，对纳米流体黏性的研究相对较少，还存在很多问题，如不同研究者的结果不一致、理论模型的不适用等。

纵观国内外研究者对纳米流体的研究工作，可以看出：① 在纳米流体的热物性研究方面，相当数量的工作集中于纳米流体热导率的研究，对热导率影响因素的实验研究比较深入，但是对其影响规律的认知还存在许多分歧；② 对纳米流体对流传热的研究相对较少，许多研究者的研究结果不一致，并且模拟结果与实验数据缺乏比较；③ 纳米颗粒的添加对纳米流体比热容的影响仍无一致结论，影响纳米流体比热容变化规律的关键因素及熔盐纳米流体比热容提高的机制仍不清楚；④ 目前还没有一个合适的理论能够准确预测纳米流体的黏度，尽管不少研究者对纳米流体黏性的影响因素进行了实验研究，但仍没有规律性的结论得出。

针对纳米流体强化传热的应用，纳米流体未来的研究将在以下几个方面展开：① 深化热导率研究，包括系统认知纳米流体导热的机理以及对热导率的准确预测和计算；② 进一步拓展纳米流体对流传热的实验及模型研究，将模拟结果用于对比和预测实验数据，发掘导致研究结果多样性的潜在机理；③ 深入研究纳米流体比热容与其影响因素间的依赖关系，探讨纳米流体的微观结构，揭示熔盐纳米流体比热容提高的机制；④ 发展纳米流体黏度理论，建立流变特性、强化传热特性等各种性能之间的桥梁，以期实现对纳米流体本性的了解；⑤ 强化纳米流体的稳定性，寻找保持纳米流体长期稳定性的可靠方法。

此外，纳米流体热物性的研究与纳米流体的制备密不可分。近些年来，随着纳米科技的日臻成熟，研究者们利用溶剂热合成、热分解金属前驱体、化学气相沉积等方法已能制备具有可控尺寸和形貌的各类含不同组分的具有超结构的纳米材料，如芯壳结构、合金和非均相二元金属材料等。由于其各组分间具有特殊的接触界面，彼此的物理和化学性质差异显著，因而构成一个独特、多功能、具有可调控性能的复合系统，对这些具有复杂结构的纳米材料构成的纳米流体系统进行研究可望得到一些有意义的结果。

第 3 章　纳米润滑机理探究

纳米粒子作为润滑添加剂取得了良好的效果，但是其作用机理还没有真正研究清楚，近年来一些国内外学者对各种纳米粒子作为润滑添加剂所起到的减摩、抗磨性能进行了大量的考查验证工作，并且初步对其作用机理做出了一些推测。

3.1　滚珠轴承作用

通过对磨损表面进行分析，该机制认为，均匀分散在润滑剂中的纳米粒子可以将摩擦副表面的滑动摩擦变为滚动摩擦，同时起到支撑作用，提高了承载能力，表现出优异的抗磨减摩和极压性能[215-216]。欧忠文[217]研究发现，纳米粒子滚珠轴承作用实现的前提是参与润滑的纳米粒子必须分散均匀，在摩擦过程中，特别是在摩擦微接触区的局部高温高压作用下，纳米粒子仍然能保持一定的刚性。纳米粒子的微滚动机制受正压力和摩擦副表面特性的影响：当受到的正压力过大或摩擦副的硬度较小时，纳米粒子更容易嵌入变形区，如图 3-1(a)所示。只有当压力较小且摩擦副表面具有很高的硬度时，如在摩擦副表面涂镀硬质涂层，如图 3-1(b)所示，纳米粒子才具有类似“微滚珠”的作用。

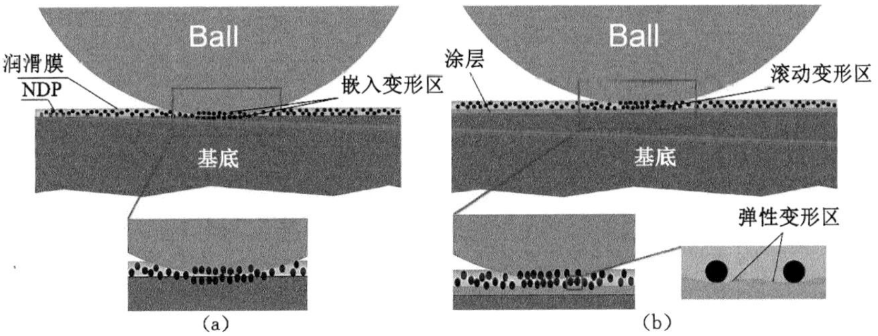

图 3-1　纳米粒子润滑作用机制[218]

(a) 嵌入机制；(b) 滚动机制

由于纳米粒子大多为类球形，在摩擦副表面起到了类似“滚珠”“微轴承”的作用[219-220]，一定程度上阻止了摩擦副的直接接触，从而提高了润滑性能；在重载荷和高温条件下，两摩擦表面间的球形粒子被压平，形成滑动系，降低了摩擦和磨损。

3.2 自修复机制与薄膜润滑

不同于传统的油基添加剂，分散在润滑剂中的固体纳米粒子通过吸附、沉积或镶嵌作用填补摩擦表面上的微损伤与微划痕，使摩擦表面光滑、平整，有利于应力的释放和改善摩擦，并具有一定的修复作用[221]，且这种修复作用不是纳米粒子对摩擦表面微损伤和划痕的简单堆积式的填充。表面能高、表面原子数多，造成纳米粒子熔化时所需的内能远小于块体材料，这就使得纳米粒子的熔点急剧下降。同时，在摩擦微接触区高温高压的作用下，熔点较低的纳米粒子会熔化或烧结到磨痕表面微裂隙内，形成连续填充物，并与摩擦副基体紧密结合，从而实现对摩擦表面的“修复”。

还有学者提出了纳米薄膜润滑理论，认为摩擦过程中纳米粒子在摩擦副表面形成一层纳米薄膜，纳米薄膜的功能不同于一般的薄膜，它的韧性、抗弯强度均大大优于一般薄膜[222]。这层膜减小了摩擦，提高了承载能力，从而减轻了磨损。叶毅等[223]研究了硼酸盐、硅酸盐、烷氧基铝等无机材料纳米粒子作为极压添加剂的摩擦性能，发现这些添加剂在极压条件下并未与摩擦金属表面发生化学反应，而是其中有效元素如 B、Si 等渗入金属表面，形成具有极佳抗磨效果的渗透层或扩散层，他们称这一过程为原位摩擦化学处理。通过结合了 SEM、XPS 等微观测量设备观察摩擦件表面的分子结构、组成变化，并结合纳米粒子高扩散性、易烧结的特点，提出了纳米粒子薄膜润滑的理论，对纳米粒子润滑作用有了深入的认识。

3.3 超光滑表面作用机制

一些硬质纳米微粒添加到润滑剂中作磨光材料本身就是一种精密抛光方法，可加工表面粗糙度为 0.1～1 nm 的超光滑表面。纳米微粒在摩擦过程中也会对摩擦副表面产生机械抛光作用[224]。

光滑的摩擦表面使摩擦副的接触面积增大，这不但使摩擦因数降低，而且承载时接触面的压应力会更小，可相应地提高润滑剂的承载能力。对粗糙表面的摩擦副而言，纳米微粒的机械抛光作用对改善润滑剂摩擦学性能不会太明显，因为纳米微粒相对于表面凸峰而言太小，它只能通过对表面原子产生原子级别的弹性破坏等作用抛光摩擦副表面的纳米级凸峰[225]。因此，表面粗糙度越小、越光滑的摩擦副，纳米微粒的添加对其摩擦学性能的改善也越显著。对添加有硬质纳米微粒的润滑剂，摩擦副负载使用一段时间以后其表面粗糙度水平与载荷、摩擦副的表面状况、润滑剂摩擦学特性、作用时间、纳米微粒的物理特性等有关。对低载荷、光滑或超光滑摩擦副，处于良好润滑介质中的球形纳米微粒，对改善摩擦副表面平整是有利的。

3.4　不同类型纳米流体的润滑机制

近 20 年来，形形色色的纳米粒子均以润滑液添加剂的形式被广大研究人员所关注。根据纳米粒子的特性，可以把常见的纳米粒子添加剂归为 7 类，包括石墨烯及其衍生物、金属、金属氧化物、硫化物、稀土化合物等，详见表 3-1。

表 3-1　　纳米润滑粒子分类

类型	纳米粒子
石墨烯及其衍生物	石墨烯、金刚石、SWCNT、MWNTs
金属	Sn、Fe、Bi、Cu、Ag、Ti、Ni、Co、Pd、Au
金属氧化物	ZrO_2、TiO_2、Fe_3O_4、Al_2O_3、ZnO、CuO
硫化物	WS_2、CuS、MoS_2、$NiMoO_2S_2$
稀土化合物	LaF_3、CeO_2、$La(OH)_3$、Y_2O_3、$CeBO_3$
纳米混合物	Cu-TiO_2、Cu-氧化石墨烯、Al_2O_3-TiO_2、石墨烯-$La(OH)_3$、Al_2O_3-TiO_2
其他	$CaCO_3$、$ZnAl_2O_4$、沸石、ZrP、TiO_2、PTFE、氢氧化物、BN、石墨烯

比较常见的作为润滑添加剂的纳米粒子润滑机理详见表 3-2。从表中可以看出，大多数研究人员更认同纳米沉积膜的观点，即由于纳米粒子较大的表面能，更趋向于在摩擦副表面形成一层低剪切的沉积膜，而使得摩擦因数降低。Rapoport 等[226]研究了混合润滑模式下 WS_2 的摩擦学性能，发现类球状的纳米粒子有着非常优异的摩擦学性能。Yang 等[227]通过 DTC8 对 Cu 纳米粒子进行了表面改性，并在石蜡中进行了分散，然后对此纳米流体的摩擦学性

能进行了分析，发现这种纳米流体的抗磨性能得到了极大的提高。朱作鑫[228]系统地研究了 TiO_2 在水基轧制液中的分散，并对此轧制液的理化性能和摩擦润滑性能进行了分析。结果表明，TiO_2 的添加能显著提高轧制液的黏度和润湿性能，当纳米粒子含量达到 0.4%时，获得了较好的摩擦润滑性能以及轧后表面质量。王冰等[229]研究了 MoS_2 在水基纳米流体中分散后的极压抗磨性能，发现含 MoS_2 水基纳米流体与传统轧制液的 P_B 值相同，但其摩擦因数与磨斑直径与传统轧制相比分别降低 1.4% 和 17.7%，表现出良好的抗磨损性能。王一助等[230]考查了纳米 Fe_3O_4 添加剂对板带钢冷轧润滑的效果。结果表明，纳米 Fe_3O_4 作为轧制液添加剂能有效提高钢-钢摩擦副的抗磨性能、降低摩擦因数，同时表现出良好的板带钢冷轧润滑效果，含纳米 Fe_3O_4 的轧制液可明显降低带钢最小可轧厚度，并改善轧制带钢板面质量。胡坤宏[231]研究了不同基团比例的纳米粒子对润滑油黏度及黏温特性的影响，并对不同基团比例的纳米粒子的抗磨减摩性能进行了研究，建立了纳米粒子基团比例与摩擦性能的关系。

表 3-2　　常见纳米润滑粒子的润滑机理

纳米粒子	润滑机理
TiO_2	纳米粒子的滚动效应；表面修复作用[232]
CuO	CuO 的烧结作用[233]
La 掺杂 TiO_2	形成由 Fe 的氧化物及 TiO_2 组成的边界润滑膜[234]
Fe_3O_4	纳米粒子的滚动效应[235]
ZnO	ZnO 的沉积作用[236]
ZnO 和 CuO	在摩擦副上形成低粗糙度高、致密的摩擦膜[237]
Al_2O_3	纳米粒子的滚动机制[238]
LaF	形成由 Fe_2O_3、FeF_3 及 LaF 组成的润滑膜；LaF 在摩擦副表面的吸附作用形成吸附膜[239]
$CeBO_3$	形成 B_2O_3、CeO 及 Fe_2O_3 组成的润滑膜；$CeBO_3$ 的吸附形成吸附膜[240]
CeO_2	Ce^{4+}、Ce^{3+}、TiO_2、FeS 及铁的氧化物组成的润滑膜[241]
Sn 和 Fe	Sn 起到减摩作用；Fe 起到抗磨作用。在摩擦副表面形成一种低剪切、高硬度的润滑膜，从而起到抗磨减摩的作用[242]
Bi	通过粒子的烧结作用形成一层防护膜，避免了摩擦副的直接接触，从而起到了减摩作用[243]

续表 3-2

纳米粒子	润滑机理
Ag	通过纳米 Ag 粒子的"沉积"而在摩擦副表面形成一种具有低剪切力的保护膜[244]
Cu	Cu 的自修复作用；形成一种具有低弹性及一定硬度的保护膜[245]
Pd 和 Au	形成了一种由 Pd 和 Au 组成的过渡膜[246]
Ni	通过 Ni 的沉积形成一种保护膜[247]
Fe、Cu、Co	形成由 Cu 组成的具有低剪切强度的超薄膜；纳米粒子的滚动效应[248]
Pd	形成由 Pd 组成的具有低剪切强度的保护膜[249]
Al_2O_3-TiO_2	从滑动摩擦向滚动摩擦转变[250]
Cu-TiO_2	生成了一种由 FeS、$FeSO_4$ 和 TiO_2 的"摩擦膜"；Cu 的表面修复作用[251]
Cu-氧化石墨烯	Cu 和氧化石墨烯的协同效应[252]
Al_2O_3-TiO_2	Al_2O_3 和 TiO_2 的协同效应[253]
石墨烯-La$(OH)_3$	形成一层由 Fe、Si 和 O 元素组成的摩擦膜，La 作为一种催化剂促进该膜的形成[254]

现将笔者实验中所用的实验材料及设备列出，以供参考。

(1) 纳米粒子：纳米 TiO_2，晶型为锐钛型，粒径分别为 20 nm、50 nm 和 200 nm。

(2) 添加剂：六偏磷酸钠、三乙醇胺、二甲基硅油、氢氧化钠、聚丙烯酸钠及油酸等。

(3) 实验钢的种类与规格：热轧实验用的板带钢材质为 Q235B，钢材初始厚度为 30 mm，由酒泉钢铁集团提供。其部分化学成分见表 3-3。

表 3-3　Q235B 的部分化学成分

成分	C	Si	Mn	S	P	Cu	Cr	Ni
含量/%	0.17	0.30	1.47	0.039	0.043	0.029	0.029	0.029

(4) 其他：丙酮、乙醇、石油醚、棉花等。

相关配套实验仪器：

① MR-S10A 型四球摩擦试验机，用于测试纳米流体的 P_B 值及摩擦因数，仪器性能参数见表 3-4。

表 3-4　　MR-S10A 型四球摩擦试验机性能参数

项目	轴向试验力/kN	主轴转速范围/(r/min)	试验力范围	试样温度范围/℃	摩擦力矩测量范围/N
测试范围	0～10	200～2 000	400 N～10 kN	室温～200	1～300

② MM-W1A 型立式万能摩擦磨损试验机，用于销盘磨损实验，对点面滑动摩擦进行研究，其仪器性能参数见表 3-5。

表 3-5　　MM-W1A 型立式万能摩擦磨损试验机性能参数

项目	轴向试验力/N	试验力精度	主轴转速范围/(r/min)	温度测控范围/℃	摩擦力矩测量范围/N
测试范围	1～1 000	≤±2%	0～2 000	室温～260	1～300

③ ϕ320 mm×200 mm 二辊轧机，性能参数见表 3-6。

表 3-6　　二辊轧机技术参数

项目	参数	项目	参数
辊径/mm	320	主电动机功率/kW	35
辊面宽/mm	200	电动机转速/(r/min)	30～300
轧辊转速/(m/min)	0～90		

④ KQ-50E 型超声波分散仪。

⑤ 搅拌仪器：D-7401-Ⅲ型电动搅拌器，78-1 型磁力加热搅拌器。

⑥ 德国 XJZ-6A 型显微镜，用于钢环磨损表面以及轧后板带钢表面质量观察，并得到金相照片来进行直观分析。该显微镜最小放大倍数 40，最大放大倍数 630。

⑦ TR220 型粗糙度仪。

⑧ 英国泰勒霍普森公司生产的 FTS-S3c 表面轮廓仪，测定薄膜等的厚度和表面粗糙度。

⑨ Detephysics 高精视频接触角测量仪，测量纳米流体的润湿性能，最大测量精度可达 0.1°。

⑩ LVT 型 Brookfield 旋转黏度计，其性能参数见表 3-7。

⑪ TC3100 通用型导热仪。

表 3-7　　LVT 型 Brookfield 旋转黏度计性能参数

项目	参数	项目	参数
频率/Hz	47～440	黏度测量精度	测量范围的±1%
工作温度/℃	－100～300	重复性	±0.2%
温度精度/℃	±0.1	转速范围/(r/min)	0.01～250

第 4 章　TiO_2纳米流体制备与表征

纳米粒子在液态润滑剂中的稳定分散，能够显著提高其油膜承载能力、降低摩擦因数，从而改善抗磨减摩性能。而分散性差的纳米流体由于纳米粒子的团聚，不仅不能促进润滑，反而会加剧磨损。目前对纳米 TiO_2 分散性能的研究，大多集中于油性润滑剂作基础液[255-258]，然而油性润滑剂的使用不但会提高成本，对环境也是一种污染，非常不利于对环境绿色环保的要求。因此，制备出能够取代油性润滑剂的水基纳米润滑剂具有非常重要的意义。而形成稳定的分散体系是纳米粒子发挥优异摩擦润滑性能的前提，因此对 TiO_2 纳米粒子在水性介质中的分散稳定性进行研究是十分必要的。

4.1　纳米 TiO_2 的表征

首先使用 XRD 对纳米 TiO_2 粒子进行表征，图 4-1 为所使用纳米 TiO_2 粉体的 XRD 图谱与锐钛型 TiO_2 标准图谱的对比图，通过对比图谱中的衍射峰可知，所选用的纳米 TiO_2 为锐钛型。相对于金红石型 TiO_2，锐钛型 TiO_2 纳米粒子表面具有更多的表面缺陷，因而能够吸附更多的 Ti—OH 基团。其表面吸附的羟基随着温度的升高将逐渐发生热脱附而消失，因此锐钛型 TiO_2 在 600 ℃左右的条件下将逐渐向金红石型 TiO_2 转变。

Scherrer 公式[259]能够用于 TiO_2 纳米粒子粒径的计算，其表达式为：

$$D = K\lambda/(\beta\cos\varphi) \tag{4-1}$$

式中　λ——X 射线的波长，nm；

φ——衍射角，rad；

β——TiO_2 纳米粒子在(101)面衍射峰半高宽；

K——常数，其值取决于晶粒形状以及 β 和 D 等的定义，本书计算时取 K 值为 0.89。

对于垂直于(hkl)面方向的 TiO_2 纳米粒子，经式(4-1)计算可以得到其平均粒径为 45 nm，而本节选用的纳米粒子初始粒径仅为 20 nm，表明部分

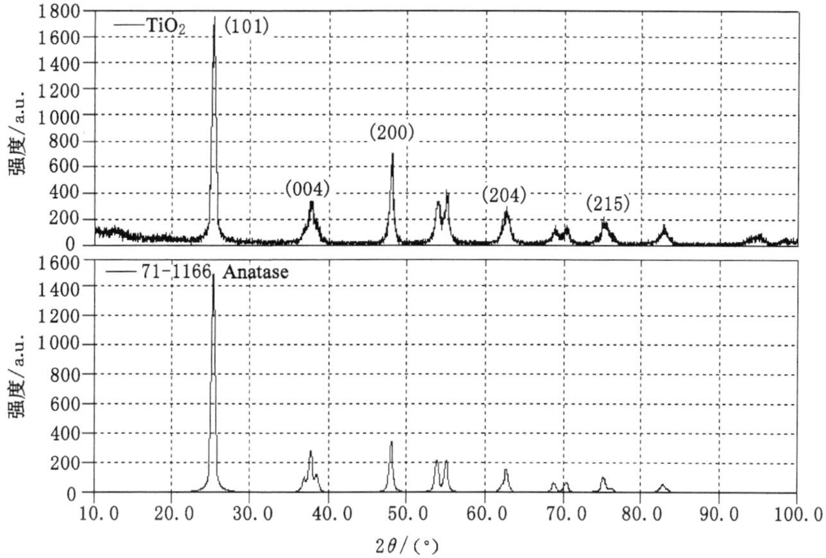

图 4-1 纳米 TiO_2粉体 XRD 图谱与标准图谱

TiO_2纳米粒子由于暴露在空气中吸收了水分发生了团聚。

取未经过任何表面改性处理的 TiO_2纳米粒子，使用场发射扫描电镜对纳米 TiO_2形貌进行表征。如图 4-2 所示，可知未进行表面改性的纳米 TiO_2呈现一定程度的团聚形态，这是由于 TiO_2纳米粒子容易吸收空气中的水分，在粒子之间形成了液桥，液桥两侧的负压强差和液体表面张力的共同作用，构成了静态液桥力[260]，静态液桥力的产生，使得纳米粒子趋向于团聚的形态，其示意图如图 4-3 所示。

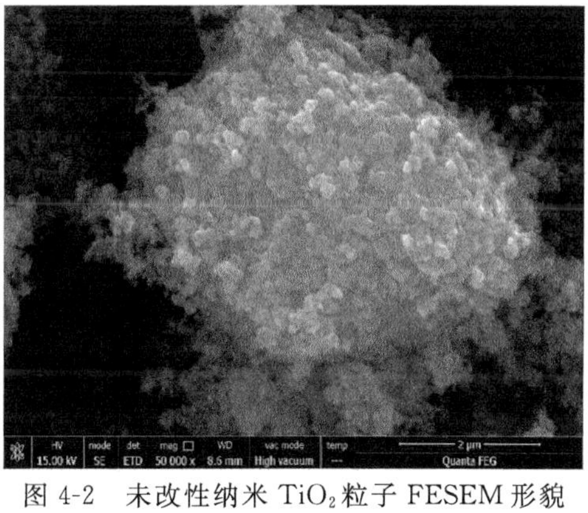

图 4-2 未改性纳米 TiO_2粒子 FESEM 形貌

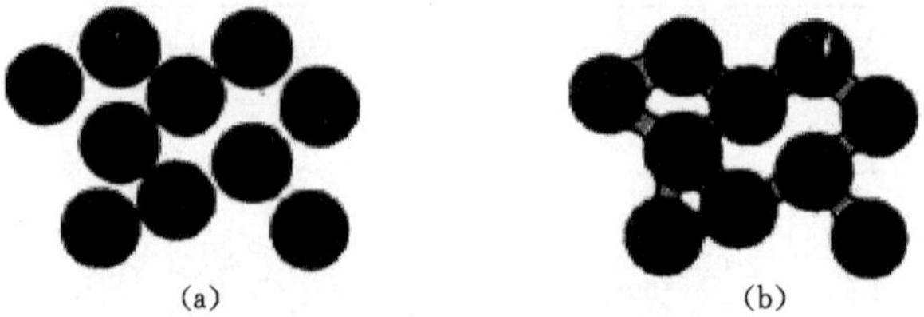

图 4-3　纳米粒子的两种形态

(a) 干燥形态；(b) 部分吸水后形态

通常情况下，材料的熔点与其粒径无关，但当材料粒径减小到纳米级别时，由于比表面能高，其化学势将远大于块状固体，从而使得熔点大大降低。很多研究人员对不同纳米材料的熔点随粒径的变化关系进行了研究，如Pawlow[261]，但目前使用较多仍然是瞿金蓉等[262]推导的公式：

$$T_{m} = T_{m,n}\exp(-\frac{R2\sigma M}{\rho H_{m,n}}) \tag{4-2}$$

式中　T_m——纳米粒子真实熔点，K；

$T_{m,n}$——粒径无限大的材料熔点，K；

$H_{m,n}$——熔化焓，J/m^3；

R——纳米粒子半径，nm；

σ——液态及固态时表面能，J/m^2。

对于粒径为 45 nm 的类球形 TiO_2 纳米粒子，查阅文献可知其相关参数见表 4-1，代入式(4-2)计算得到其熔点为 1 283.4 K。当纳米粒子粒径过小时，如 $R<5$ nm，由于纳米粒子的比表面积呈三次方递增，纳米粒子之间的团聚更加剧烈，而使得式(4-2)计算值与实验测得结果偏差较大。本书选用的纳米 TiO_2 粒径分别为 20 nm、50 nm 和 200 nm，且形状为类球形。因此，利用式(4-2)计算所选用纳米 TiO_2 熔点具有一定的参考价值。

表 4-1　　二氧化钛物理参数

σ /(J/m^2)	$\Delta_{fus}H_m$ /(J/mol)	ρ /(g/cm^3)	M /(g/mol)	R /nm	$T_{m,n}$ /K
221 689	−945 012	4.3	80	45	2 116

采用 HTC-3 型微机差热天平对 TiO_2 纳米粒子的熔点进行 DTA 曲线的测定，如图 4-4 所示，DTA 曲线在 100 ℃附近的下降是由样品失水引起的。

当实验温度达到 1 000 ℃附近时，DTA 曲线再次出现下降的趋势，说明 TiO_2 纳米粒子开始熔化而大量吸热。通过最大斜率处作切线 L_2，其与样品发生晶型转变的曲线平直处切线 L_1 相交点 x 所对应的温度为 1 013.01 ℃，即为试样的真实熔点。可以看出，实验得到的 TiO_2 纳米粒子熔点与式(4-2)的计算结果相近。对比块状态 TiO_2 的熔点 2 116 K(1 843 ℃)，纳米级 TiO_2 熔点有着很大程度的降低，但在热轧过程中，纳米粒子仍然能够以固体的形式存在。

TiO_2 纳米粒子在加热过程中活性增大，更容易发生团聚。因此，通过热处理的方式消除纳米粒子表面羟基使其进行晶型转变，对纳米粒子在液相体系中的分散是非常不利的。

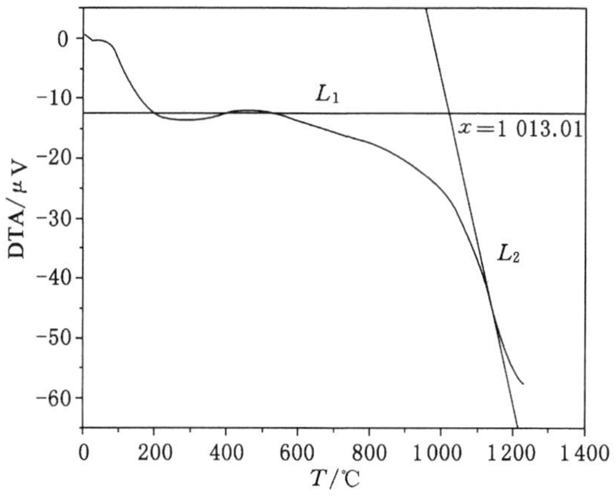

图 4-4　TiO_2 纳米粒子的 DTA 曲线

4.2　分散剂的筛选和分散机理探讨

由于 TiO_2 纳米粒子粒径较小，比表面积高，处在热力学不稳定状态，具有自发团聚的趋势，极易团聚成微米级无机粒子[263]，纳米 TiO_2 在水基体系中如果不采用任何分散方式则会在极短时间内沉淀，严重影响了纳米 TiO_2 的实际应用效果。因此，控制纳米 TiO_2 粒子的团聚、提高分散稳定性是发挥其特有功能的首要问题，也是将纳米润滑材料应用于金属加工过程所必需的技术。

纳米粒子的分散就是将团聚的纳米粒子借助物理或化学分散法分离成单个纳米粒子使其均匀分布在油相或水相介质中的过程。目前对纳米粒子在水性介质中的分散研究尚处于探索阶段，不同的纳米粒子对应不同的分散手段，其具体的分散方法及分散剂用量范围均缺乏详细的参考性实验数据，因此只能通过对纳米粒子在水基介质中进行分散实验的方法，寻找制备水基纳米流体的最佳方案。本节仅从分散剂选用及用量方面研究实现纳米 TiO_2 在水基体系稳定分散的关键技术。

4.2.1 分散剂的筛选

分散剂是连接纳米粒子和基础液之间的桥梁，削弱纳米粒子与基础液的界面张力，使之形成一种有机整体。选择合适的分散剂能够提高纳米粒子在基础液中的分散性，改善分散体系的稳定性和均匀性。本实验选择 7 种分散剂，见表 4-2。

表 4-2 分散剂名称和分子结构

分散剂	分子结构
聚乙烯吡咯烷酮(PVP)	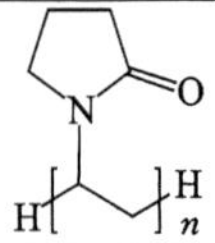
十二烷基硫酸钠(SDS)	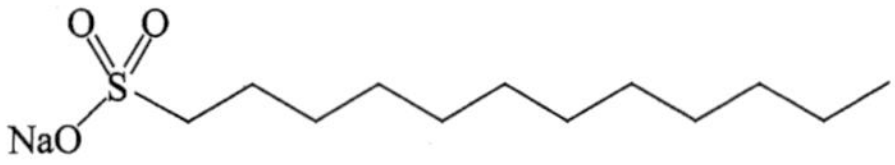
油酸（OA）	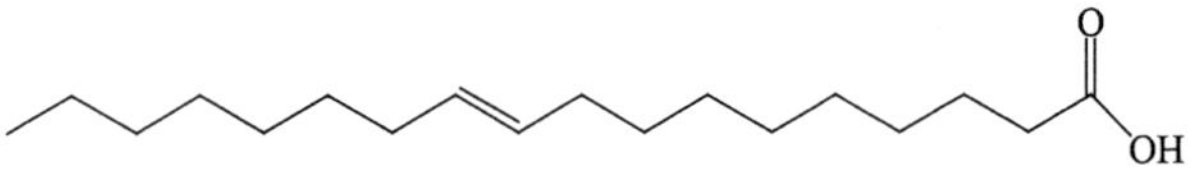
十六烷基三甲基溴化铵(CTAB)	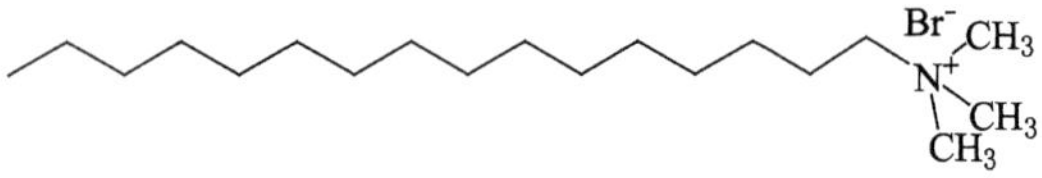
聚丙烯酸钠(PAAS)	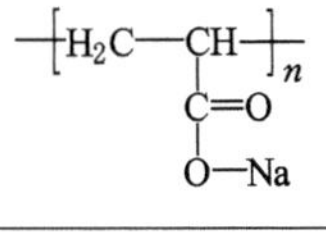
十二烷基苯磺酸钠(SDBS)	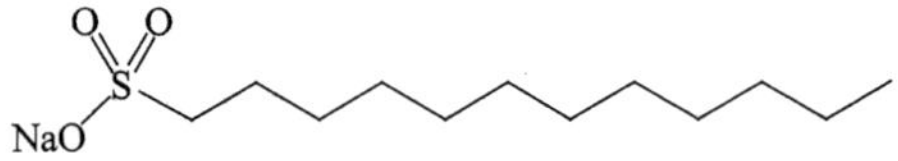
六偏磷酸钠(SHMP)	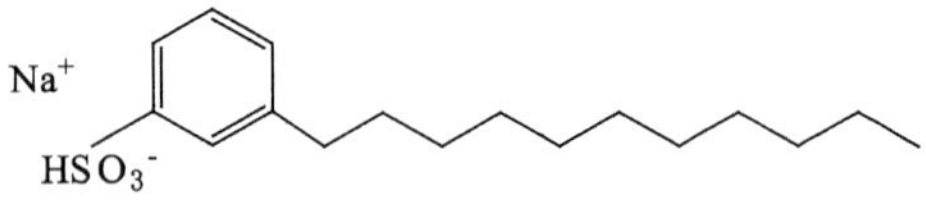

通过沉降实验对不同分散剂的分散效果进行了研究。选择粒径为 20 nm 的 TiO_2 纳米粒子，称取 1.0 g 加入到去离子水中，再加入 0.5 g 不同类型的分散剂，首先进行机械搅拌，而后超声处理 40 min 使纳米粒子完全分散，完成后在室温下静置，记录不同分散类型的纳米流体在 1 h、5 h、10 h 时的沉降高度。结果如图 4-5 所示。

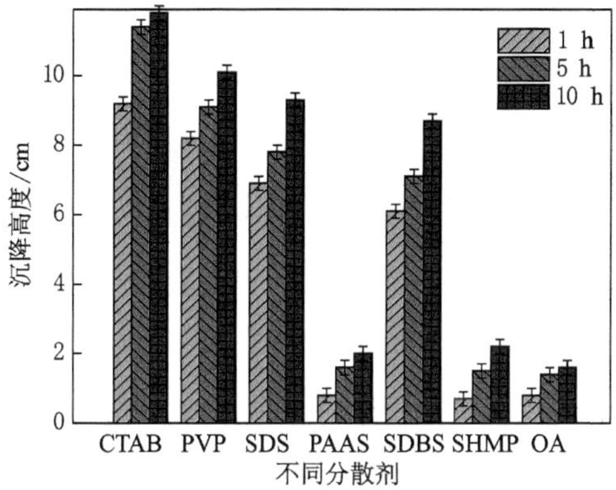

图 4-5　不同分散剂沉降高度随时间变化

由图 4-5 可知，非离子型分散剂聚乙烯吡咯烷酮（PVP）在短时间内出现沉淀。其原因是非离子型分散剂在水中不能电离，且不易在纳米粒子表面吸附，而未起到分散作用。十二烷基硫酸钠（SDS）、十二烷基苯磺酸钠（SDBS）和十六烷基三甲基溴化铵（CTAB）为阴离子型表面活性剂，发生电离的一端能够在纳米粒子表面进行吸附，但相对于 12 个碳链、12 个碳链加一个苯环以及 16 个碳链的憎水基团来讲，这三种分散剂的亲水基团相对较弱，吸附到纳米粒子表面的分散剂数量有限，因而不能起到很好的分散效果。另一方面，六偏磷酸钠（SHMP）、聚丙烯酸钠（PAAS）和油酸（OA）对纳米 TiO_2 有着较好的分散性。

Zeta 电位指剪切面的电位，是用于表征分散体系稳定性的重要指标。Zeta 电位的绝对值与纳米流体稳定性的关系见表 4-3。

表 4-3　Zeta 电位与纳米流体稳定性的关系[239]

Zeta 电位/mV	纳米稳定性
0	非常不稳定
15	稳定性较差

续表 4-3

Zeta 电位/mV	纳米稳定性
30	稳定性一般
45	稳定性较好
60	优异的稳定性,几乎没有沉淀

为了进一步研究分散剂浓度对纳米流体分散稳定性的影响,以聚丙烯酸钠(PAAS)、六偏磷酸(SHMP)和油酸(OA)为分散剂,分别制备三种不同分散剂含量的纳米流体,分散剂浓度分别为 0.2%、0.4%、0.6%、0.8%、1.0%、1.2%、1.4%、1.6%、1.8%和 2.0%,其中纳米粒子含量为 1.0%。使用马尔文 Zeta 电位仪对它们的 Zeta 电位进行表征,表征结果如图 4-6 所示。

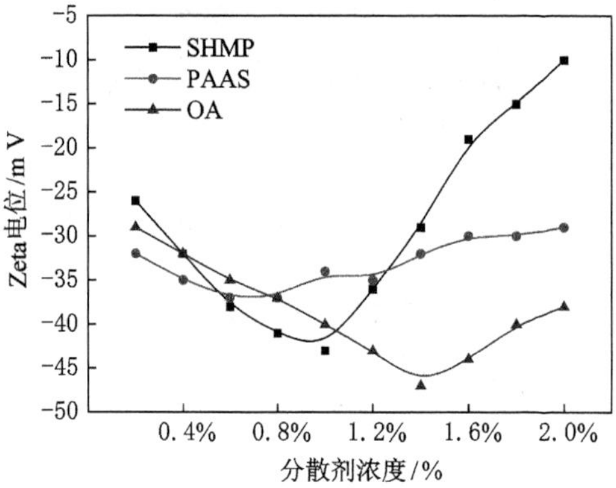

图 4-6　Zeta 电位随分散剂浓度的变化关系

由图 4-6 和表 4-3 可以看出,对于六偏磷酸钠(SHMP),其 Zeta 电位随分散剂浓度的变化较大,当分散剂浓度小于 1.0%时,Zeta 电位绝对值随六偏磷酸钠(SHMP)浓度的增加而增加,浓度进一步提高时,Zeta 电位绝对值则逐渐降低;与六偏磷酸钠类似,油酸(OA)浓度对纳米流体 Zeta 电位绝对值的影响也是一个先升高后降低的趋势,其最大 Zeta 电位点大约在 1.4%浓度的位置;对于聚丙烯酸钠(PAAS),其浓度对纳米流体 Zeta 电位的影响较小,在整个研究范围都表现出较好的分散稳定性。

分别选择三种分散剂 Zeta 电位绝对值最大时的浓度,即六偏磷酸钠(PAAS)浓度为 1.0%,聚丙烯酸钠(SHMP)浓度为 0.6%,油酸(OA)浓度为 1.4%,使用 Zetasizer 粒度仪对它们的粒径分布范围进行分析,结果如图 4-7

所示。由图中可以看出，使用油酸（OA）分散的纳米流体，TiO_2纳米粒径大部分在 25～45 nm 范围内；使用六偏磷酸钠（SHMP）分散的纳米流体，TiO_2粒径处在 30～50 nm 范围内；使用聚丙烯酸钠分散的纳米流体，TiO_2粒径在 35～55 nm 的范围内。总体来讲，三种分散剂均有良好的分散效果，使用油酸（OA）作分散剂的分散效果最佳。

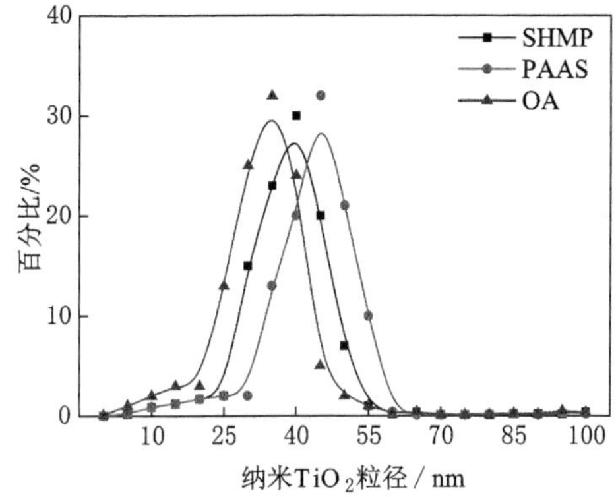

图 4-7　不同分散条件下的纳米流体 TiO_2粒径分布

4.2.2　分散机理探讨

在水性悬浮液中，六偏磷酸钠（SHMP）容易电离出磷酸根离子（PO_4^{3-}），其电离过程是一个动态平衡的过程，具体如下：

$$NaPO_3 + H_2O \rightleftharpoons 6NaOH + 6HPO_3 \tag{4-3}$$

$$HPO_3 + H_2O \rightleftharpoons H_3PO_4 \tag{4-4}$$

$$H_3PO_4 \rightleftharpoons H^+ + H_2PO_4^- \tag{4-5}$$

$$H_2PO_4^- \rightleftharpoons H^+ + HPO_4^{2-} \tag{4-6}$$

$$HPO_4^{2-} \rightleftharpoons H^+ + PO_4^{3-} \tag{4-7}$$

通常情况下，纳米粒子在分散系中能够选择性地优先吸附某些离子，静电引力越强，越易于生成化学键，则越容易与性质相近的离子发生吸附。如果吸附的是正离子，则该固体表面带正电，反之带负电。

大多数情况下，这种吸附使表面带负电。因为通常阳离子比阴离子更容易溶剂化，留在溶液中的倾向更大；而阴离子溶剂化倾向小，更容易极化，留在固体表面的倾向大。固体表面带电后，在静电引力作用下会吸引溶液中带相反电荷的离子，使它们向固体表面靠拢而聚集在距二相界面一定距离的溶液-固体界面区内，以补偿其电荷平衡。对于 TiO_2纳米流体，由于纳米粒子容易

吸引负离子 OH^- 而使其表面羟基化，六偏磷酸钠(SHMP)电离出的磷酸根离子与纳米粒子表面的羟基发生竞争吸附，部分取代羟基而优先吸附于纳米粒子表面，改性过程的示意图可以由图 4-8 来描述。

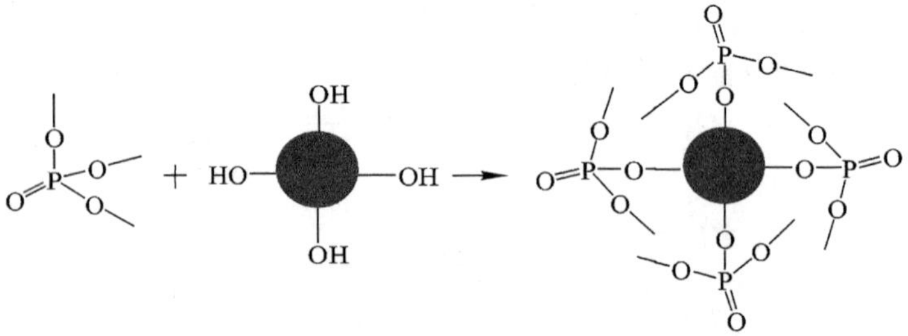

图 4-8　六偏磷酸钠改性纳米粒子示意图

从图 4-8 中可以看出，由于 TiO_2 纳米粒子在碱性溶液中带负电，加入极少量的六偏磷酸钠(SHMP)时，其表面电荷量并未发生明显改变，静电引力仍旧占主导地位，表现为分散效果较差；随着六偏磷酸钠(SHMP)浓度的提高，由于其在分散体系中电离的多价阴离子具有较强的吸附活性，容易在固体颗粒表面发生特征吸附而提高纳米粒子表面带电量，而使得双电层厚度变大，纳米粒子间的排斥力增加，团聚的较大尺寸 TiO_2 纳米粒子被打开，起到良好的分散效果。然而继续提高六偏磷酸钠(SHMP)的加入量时，由于磷酸根离子(PO_4^{3-})为高价负离子，表面电势由奈恩斯特方程[264]给出：

$$\varphi_0 = \frac{kT}{Ze}\ln\frac{c}{c_{zp}} \tag{4-8}$$

式中　φ_0——表面电势；

Z——离子化合价态。

因此，对于高价态的离子，纳米粒子的表面吸附电荷数量反而降低。所以分散剂浓度较大时，纳米粒子的 Zeta 电位急剧降低。另外，根据扩散双电层模型理论，由式(4-9)给出[265]：

$$\kappa = \left(\frac{2e^2 N_A C Z^2}{\varepsilon k_B T}\right)^{\frac{1}{2}} \tag{4-9}$$

式中　κ——双电层的扩散程度，κ^{-1} 为双电层的厚度，m；

N_A——单位体积离子数，m^{-3}；

k_B——玻耳兹曼常数；

Z——离子化合价；

ε——分散介质的介电常数；

C——电解质浓度，mol/m^3。

从式(4-9)可知，κ^{-1}随着 C 增大而减少，因此当六偏磷酸钠(SHMP)的浓度过高时，反而使 κ^{-1}变小，双电层厚度变薄，使得 TiO_2 纳米粒子重新团聚，起不到良好分散的效果。当六偏磷酸钠(SHMP)用量为 1.0%时，分散效果最佳。

聚丙烯酸钠(PAAS)是一种水溶性高分子化合物，具有亲水基团的羧基和疏水基团的碳链，溶于水中会发生电离生成大量的阴离子。亲水的羧基容易在纳米粒子表面发生吸附。而未吸附的羧基由于静电排斥作用可以使"曲绕"的聚合物处于伸展状态，从而起到"空间位阻"的作用。

油酸(OA)是一种不饱和酸，虽然其一端是亲水基团，另一端是亲油基团，但由于其亲油基团强而亲水基团弱，因此不易在水中溶解。本书为增加油酸在水中的溶解性，在纳米流体中加入了 5%的醇类物质，利用其乳化作用提高油酸(OA)在纳米流体中的溶解度。当油酸在纳米表面进行吸附时，一方面提高了纳米粒子的表面电荷，增加了双电层的厚度；另一方面，分散在水溶液中的碳链互相缠结，阻碍了纳米粒子的互相靠近，因而也起到了一部分的"空间位阻"的作用。

4.3　TiO_2 纳米流体的制备

图 4-9 为作为水基轧制液的纳米流体制备流程图。在去离子水中添加二甲基硅油、聚醚、丙三醇、水基硼酸酯、三乙醇胺等水溶性添加剂，聚醚几乎能在所有润滑状态下形成非常稳定的具有大吸附力和承载能力的润滑剂膜，因此具有较低的摩擦因数与较强的抗剪切能力，常被用作金属加工液的添加剂；三乙醇胺具有较好的缓蚀性能，同时它作为一种常用的润湿剂，也能够显著降低轧制液的表面张力，提高轧制液在金属表面的铺张能力；二甲基硅油具有较好的化学稳定性及优异的抗剪切能力，常以添加剂的形式应用于润滑剂中。

具体制备工艺流程如下：

(1) 将去离子水加热至 30 ℃，依次添加丙三醇、三乙醇胺并搅拌，待混合均匀后升温至 40 ℃，添加二甲基硅油、L-64 聚醚、水基硼酸酯，搅拌混合体系至澄清液体，即得到不含纳米粒子的传统水基轧制液(基础液)。

(2) 将分散剂加入到基础液中，同时搅拌使分散剂完全溶解。

(3) 加入不同质量分数的 TiO_2 纳米粒子，同时进行机械搅拌以保证纳米

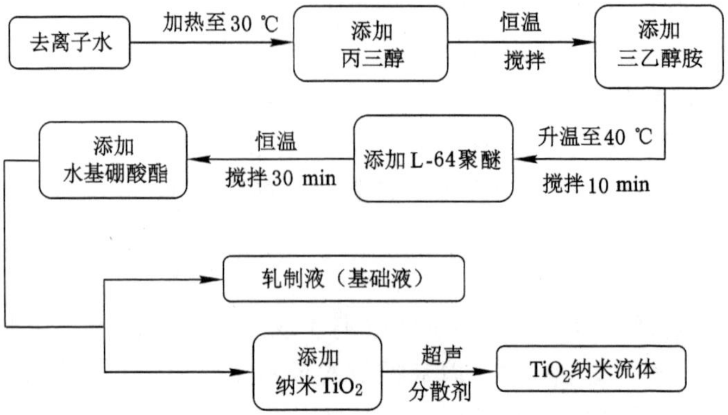

图 4-9　TiO_2水基纳米流体制备工艺图

粒子与基础液均匀混合。

(4) 为提高纳米流体的稳定性，对其进行水浴超声分散，最终制备出稳定的含 TiO_2水基纳米流体。

按上述流程制备含纳米 TiO_2质量分数为 0%的轧制液(基础液)，以及纳米 TiO_2质量分数分别为 0.25%、0.5%和 1.0%的纳米流体，制备得到的纳米流体仅用于轧制润滑性能的研究。而对理化、热传输以及摩擦学性能研究所使用的 TiO_2纳米流体，为减少丙三醇、三乙醇胺等添加剂带来的影响，本书仅将 TiO_2加入到去离子水中，辅之以必要的物理分散手段以及本章所筛选出的三种分散剂。

可以看到：

(1) 通过 XRD、SEM 对纳米粒子进行了表征，确定所选纳米粒子为锐钛型 TiO_2，由于在空气中吸收了水分，在液桥力作用下发生了部分团聚。粒径大约为 45 nm，通过差热分析得到纳米 TiO_2熔点约为 1 013 ℃。

(2) 通过沉降法对分散剂进行了筛选，确认了使用六偏磷酸钠(SHMP)、聚丙烯酸钠(PAAS)和油酸(OA)均具有良好的分散稳定性；通过 Zeta 电位仪分析了三种分散剂的最佳用量，即 SHMP 为 1.0%，PAAS 为 0.6%，OA 为 1.4%。明确了三种分散剂的分散机制，SHMP 为静电双电层分散机制，PAAS 是空间位阻分散机制，OA 兼具有静电双电层和空间位阻作用机制。

(3) 添加了水基硼酸酯、三乙醇胺、丙三醇、L-64 聚醚等水溶性添加剂，按照一定工艺流程制备了不同浓度的水基纳米流体，所制备的水基纳米轧制液具有良好的分散稳定性。

第 5 章　TiO_2 纳米流体理化性能研究

制备稳定的分散体系是研究纳米流体热传输和摩擦学性能的前提条件，而对纳米流体理化性能的分析是研究其热传输性能和摩擦学性能的基础。润湿性代表液体在固体表面的铺展能力或倾向性，是纳米流体在金属表面上能否有效铺展的一种度量。因此，润湿性的好坏会对纳米流体的摩擦学性能有直接的影响；黏度是描述液体流动难易程度的量度，其大小也对纳米流体的摩擦学性能和热传输行为有着十分重要的影响。为此，本章使用 Dataphysics OCA50 型全自动接触角测量仪、毛细管黏度计以及 LVT 型 Brookfield 旋转黏度计，分别对 TiO_2 纳米流体的润湿行为、黏度以及流变行为进行了研究，并对其机理进行了深入的分析。

5.1　实验设计

5.1.1　润湿性实验设计

本实验是基于座滴法对 TiO_2 纳米流体的润湿性进行测试的。座滴法每次滴定的液滴只有几微升，如此小的液滴使得重力的影响几乎忽略不计。因此，液滴在基板上的铺展类似于理想的球冠形状，它的剖面图如图 5-1 所示。选择合适的基准面后，软件能自动计算出接触角的大小。

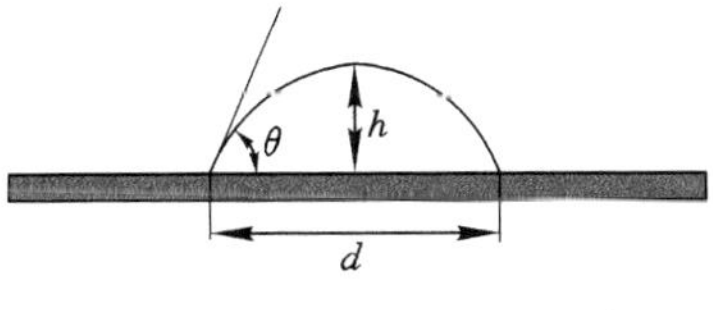

图 5-1　座滴法液滴剖面示意图

本实验使用 Dataphysics OCA50 型全自动接触角测量仪，并选择两块粗糙度不同的金属作基板，分别研究了不同分散剂、不同 TiO_2 含量的纳米流体在不同基板上的润湿行为。

5.1.2 黏度实验设计

在一定的温度下，当液体在直立的毛细管中，并以与管壁完全润湿的状态流动时，其运动黏度与流动时间成正比。测定时，用已知运动黏度的液体作标准，测量其从黏度计流出的时间，则可得到黏度系数。图 5-2 是毛细黏度计的实物图。进行黏度测量时，将其置于恒温水浴中并竖直放置，测量时保证被测液体没过上刻度线，当液面下降到上刻度线时开始计时，直到流过下刻度线，记录所用的时间。而被测液体的运动黏度则可用式(5-1)表示：

图 5-2 毛细黏度计实物图

$$\eta = Kt \tag{5-1}$$

式中 η——黏度系数；

K——毛细管常数；

t——时间，s。

使用 LVT 型 Brookfield 旋转黏度计对纳米流体的流变性能进行了分析。该黏度计属于指针式低黏度旋转黏度计，使用范围为 80～2 000 000 cP。该黏度计配备 4 支转子，并有 8 种转速可供选择，共分为 32 个测量范围。此外，该黏度计配有恒温池以及小样品测量系统，所需样品仅为 7 mL，测量范围为 5～9 000 cP。

5.2 润湿性能研究

润湿性是指液体在固体表面的铺展能力或倾向性。纳米流体作轧制液时，能够在流体动压作用下进入摩擦副接触区，进而影响纳米流体的轧制润滑性能。良好的润湿不仅可以使纳米流体在较短时间内均匀铺展到金属表面，同时纳米粒子形成的沉积膜还能够减少摩擦副微凸体的直接接触，避免划伤及黏着磨损，改善轧后形貌。因此，本节将对 TiO_2 纳米流体的润湿行为进行研究。

5.2.1　润湿性表征

液体的润湿性一般用接触角来衡量。严格意义上，基于固体表面特性，平衡接触角的表征有三个方程，即 Young's 方程、Wenzel 方程和 Cassie 方程。对于一个化学性质均一、无限平坦的理想刚性表面，Thomas Young 于 1805 年根据固、液、气三相在交汇处的力学平衡条件(图 5-3)提出了著名的 Young's 方程[266]：

$$\cos\theta=\frac{\sigma_{sv}-\sigma_{sl}}{\sigma_{lv}} \tag{5-2}$$

式中　σ_{sv}——固-气界面能，J；

σ_{sl}——固-液界面能，J；

σ_{lv}——液-气界面能，J；

θ——固-液界面接触角，(°)。

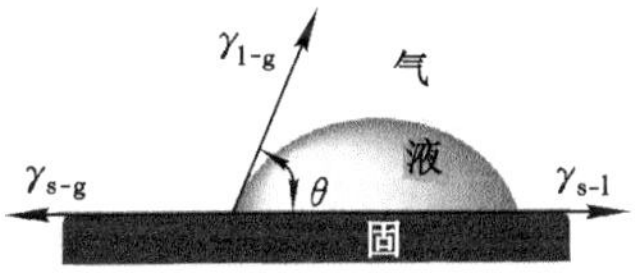

图 5-3　Young's 方程示意图

由方程(5-2)可知，当 $\sigma_{sv}>\sigma_{sl}$ 时，有 $0<\cos\theta<1$，即 $0°<\theta<90°$，这种情况称固体表面能够被液体润湿，尤其当 $\theta=0°$ 时，有 $\cos\theta=1$，称为完全润湿，若所选用的液体是水，则可称这种固体表面为亲水表面；而当 $\sigma_{sv}<\sigma_{sl}$ 时，有 $-1<\cos\theta<0$，也即 $90°<\theta<180°$，则为固体表面不能被流体润湿，同样，若选用的液体为水，则这种固体表面称为疏水表面。

Young's 方程描述了理想状态下液体在固体表面的润湿情况。然而，真正的理想固体表面是不存在的，如图 5-4(a)所示，表面缺陷以及粗糙度的存在会使得体系的接触角偏离 Young's 方程而形成表观接触角。因而，Wenzel[267] 通过引入粗糙度因子 r，建立了真实情况下的接触角 θ_w 和 Young's 接触角之间的关系，其表达式如下：

$$\cos\theta_w = r\cos\theta \tag{5-3}$$

式中　r——实际的固-液接触区域面积与其在水平面上的投影区域面积的比值，它反映了固体表面的粗糙程度。

方程(5-3)表明：粗糙因子的存在，使得亲水的固体表面更加亲水，而疏水的固体表面则更加疏水。即当接触角 $\theta > 90°$时，随着粗糙度的增加，表观接触角增大；当接触角 $\theta < 90°$时，随着粗糙度的增加，表观接触角逐渐减小。

对于化学组成不均一但无限平坦的固体表面，如图 5-4(b)所示，Cassie[268-269]提出了液体在此表面上的润湿方程，该方程可表示为：

$$\cos\theta = f_1\cos\theta_1 + f_2\cos\theta_2 \tag{5-4}$$

式中　$f_i(i=1,2)$——两种不同化学组成区域所占的面积在整个表面积中的比例分数，且有 $f_1 + f_2 = 1$；

$\theta_i(i=1,2)$——液体在两种不同化学组成的理想表面的接触角。

图 5-4　不同润湿状态模型示意图[270]

(a) Wenzel 模型；(b) Cassie 模型

特别地，如果两相组成中有一相为空气，由于液体对空气的接触角为180°，即完全不润湿，则方程(5-4)可以改写为：

$$\cos\theta_c = f\cos\theta + (1-f)\cos 180° = f(\cos\theta + 1) - 1 \tag{5-5}$$

5.2.2　实验设计与结果分析

为考查分散剂的类型、浓度以及纳米粒子浓度对纳米流体润湿性能的影响，本书分别以聚丙烯酸钠(PAAS)、六偏磷酸钠(SHMP)以及油酸(OA)作分散剂，设计了三种不同类型的纳米流体，并选择两块粗糙度 Ra 分别为 0.05 和 0.30 的金属充当基板，进行一系列的润湿实验。

首先以聚丙烯酸钠(PAAS)为溶质，加到去离子水中，制备得到浓度分别为 0%、0.25%、0.5%、0.75%和 1.0%的纳米流体，通过 Dataphysics OCA50 型全自动接触角测量仪对它们在两种金属表面上的润湿性进行分析，实验结果如图 5-5 所示。而后选取聚丙烯酸钠(PAAS)浓度为 0.5%的纳米流体作基液，平均分成 5 份，每份添加粒径为 50 nm，浓度分别为 0%、0.25%、0.5%、0.75%和 1.0%体积分数的 TiO_2 纳米粒子，制备 5 份不同 TiO_2 浓度的纳米流体(为便于说明,本章节中将含有分散剂但 TiO_2 纳米含量为 0% 的基础液仍视为纳米流体),并对它们在两种金属表面的润湿性能进行分析,实验结果如图 5-6 所示。

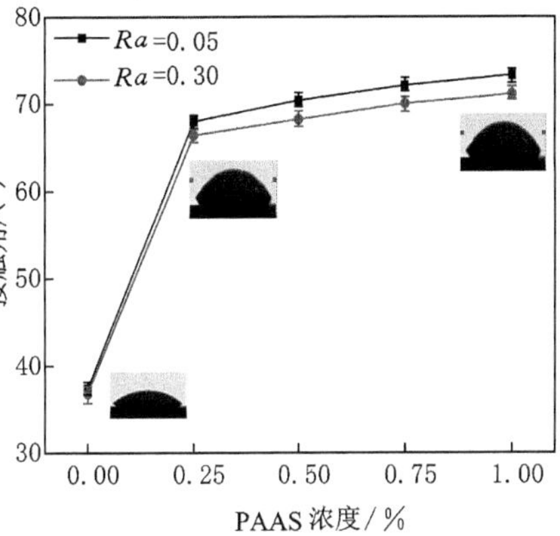

图 5-5 PAAS 浓度对基础液润湿性能的影响

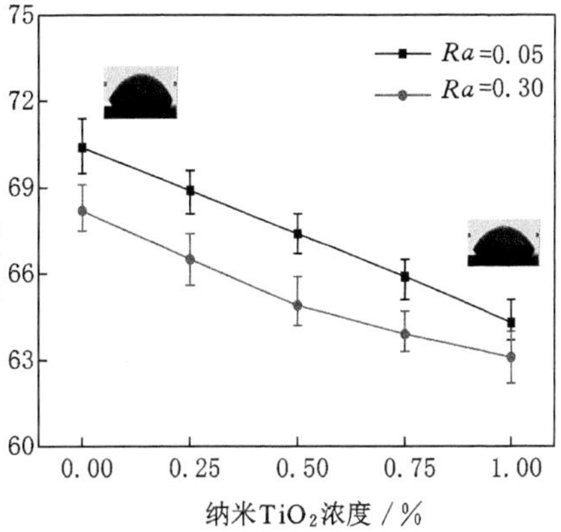

图 5-6 TiO_2 浓度对基础液润湿性能的影响

由图 5-5 可知,去离子水在两种金属表面上的接触角分别为 37.4°和 36.8°,当有微量(0.25%)的聚丙烯酸钠(PAAS)加入到去离子水中时,纳米流体的润湿性急剧下降,接触角分别上升到 68°和 66.4°。继续添加聚丙烯酸钠(PAAS)时,接触角上升的趋势有所减缓,当聚丙烯酸钠(PAAS)添加量达到 1.0%时,纳米流体在两种基板上的接触角分别为 73.3°和 71.1°。

当有纳米粒子加入时,由图 5-6 可以看出,对于含 0.5% 聚丙烯酸钠(PAAS)的基液,随着 TiO_2 含量的增加,纳米流体在两种金属表面上的接触角皆单调减小,TiO_2 含量达到 1.0%时,接触角相对于基液分别减小了 6.1°和 5.1°,分别为 64.3°和 63.1°。

继续考查以六偏磷酸钠(SHMP)为溶质及分散剂的情况,首先制备六偏磷酸钠(SHMP)分别为 0%、0.25%、0.5%、0.75% 和 1.0% 的纳米流体,对它们在两种金属表面上的润湿性进行分析,实验结果如图 5-7 所示。此后,将含 0.5%六偏磷酸钠(SHMP)的纳米流体平均分成 5 份,分别制备 TiO_2 纳米粒子含量为 0%、0.25%、0.5%、0.75% 和 1.0% 的纳米流体,依照同样的方式分析其润湿性能,实验结果如图 5-8 所示。

由图 5-7 可以看到,与聚丙烯酸钠(PAAS)不同,随着六偏磷酸钠

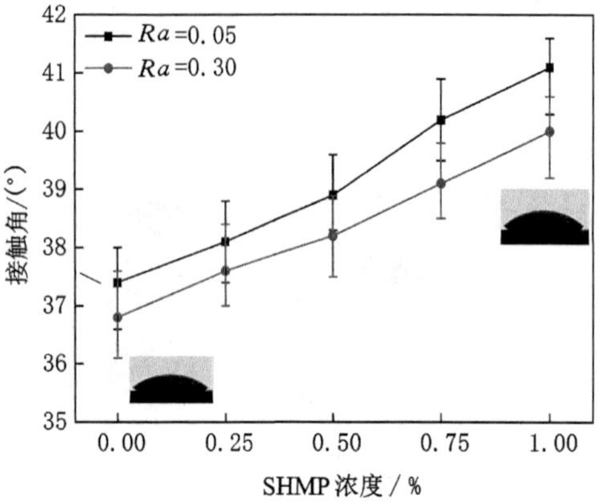

图 5-7　SHMP 浓度对基础液润湿性能的影响

(SHMP)添加量的增加，基础液的接触角呈现缓慢增长的趋势，当六偏磷酸钠(SHMP)加入量达到 1.0%时，基础液在两种基板上的接触角分别由 37.4°和36.8°上升到 41.1°和 40°。而对于六偏磷酸钠(SHMP)含量为 0.5%的基础液，如图 5-8 所示，随着 TiO_2纳米粒子的加入，流体的接触角逐渐减小。TiO_2含量达到 1.0%时，纳米流体在两种表面上的接触角分别为 35.3°和 34.4°，相对于基础液分别减小了 3.8°和 3.6°。这一趋势是与聚丙烯酸钠(PAAS)作分散剂的纳米流体变化趋势是一致的。

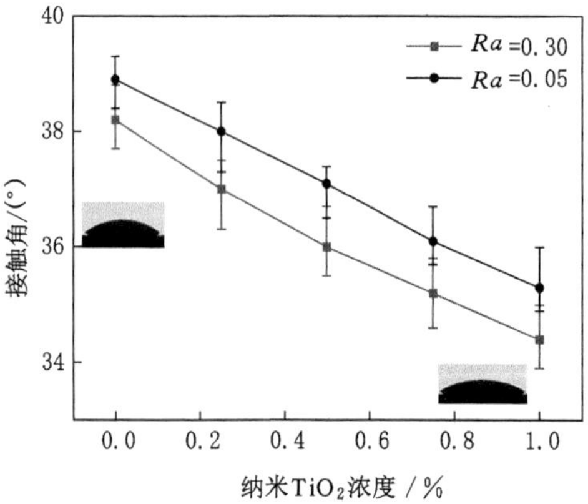

图 5-8　纳米 TiO_2浓度对基础液润湿性能的影响

用同样的方式考查以油酸(OA)为溶质及分散剂的情形,实验结果分别如图5-9和图5-10所示。由图5-9可以看出,与聚丙烯酸钠(PAAS)不同,随着油酸(OA)添加量的增加,基础液的接触角呈现出缓慢增长的趋势,这一点与六偏磷酸钠(SHMP)的情形比较接近。当油酸(OA)加入量达到1.0%时,基础液在两种金属表面上的接触角分别由37.4°和36.8°上升到47.9°和46.5°。

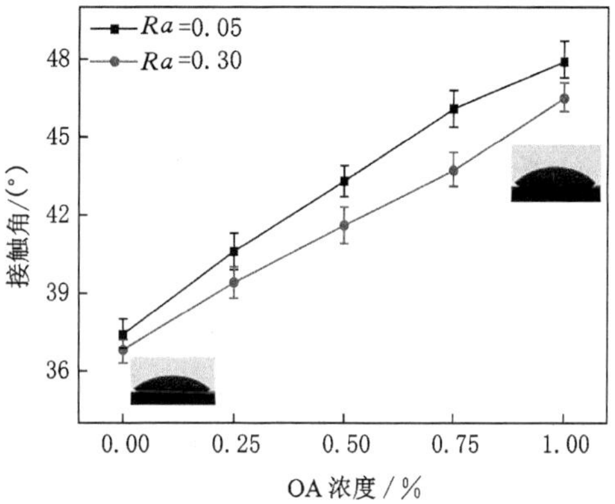

图5-9　OA浓度对基础液润湿性能的影响

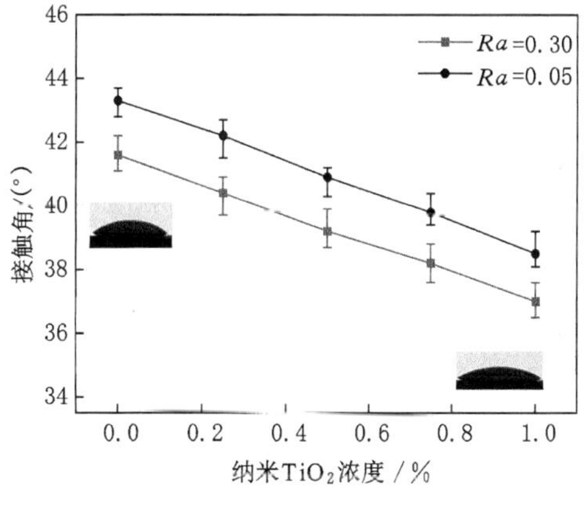

图5-10　纳米TiO_2浓度对基础液润湿性能的影响

对于油酸(OA)含量为0.5%的基液,由图5-10可知,随着进一步添加纳米粒子,纳米流体的接触角缓慢减小。TiO_2含量达到1.0%时,纳米流体在两种表面上的接触角分别为38.5°和37°,相对于基础液分别减小了4.8°和4.6°。这一趋势是与聚丙烯酸钠(PAAS)以及六偏磷酸钠(SHMP)作分散剂的纳米流体的变化趋势是一致的。

综上可知，TiO_2纳米粒子浓度的增加会降低相应分散体系的接触角，从而改善其润湿性；而分散剂 SHMP、PAAS 和 OA 的添加以及其相应浓度的增加则会阻碍分散体系在金属表面的铺张，恶化其润湿性。对此分别展开纳米流体润湿行为及机理的研究。

5.2.3 润湿行为机理探究

一般固体都具有不同程度的粗糙不均匀性。假定固体表面是粗糙的，且尚未达到可引起固-液界面截留气体而产生空隙时，可以用粗糙系数 r 来衡量粗糙程度。它取决于固-液界面的实际面积与表观或投影面积之比，即：

$$\Delta A_{真实} = r\Delta A_{投影} \tag{5-6}$$

假设 θ_r 为粗糙界面的真实接触角，则有：

$$\cos\theta_r = r\cos\theta$$

由此公式可知，若 $\theta<90°$，则 θ_r 随着粗糙度的增加而降低，与本节实验结果相符。因此，粗糙界面的出现对纳米流体的润湿是有益的。

Van 等[271]的文章中提到了 Good 和 Girifalco 提出了黏附功 W_a 与各本体相内聚功 W_c 几何平均值的比率，且以 Φ 表示，则有：

$$\Phi = \frac{(W_a)_{12}}{[(W_c)_{11}(W_c)_{22}]^{\frac{1}{2}}} \tag{5-7}$$

因此，Good 和 Girifalco 方程可表示为：

$$\sigma_{12} = \sigma_1 + \sigma_2 - 2\Phi(\sigma_1\sigma_2)^{\frac{1}{2}} \tag{5-8}$$

应用到固-液界面上，则有：

$$\sigma_{sl} = \sigma_s + \sigma_l - 2\Phi(\sigma_s\sigma_l)^{\frac{1}{2}} \tag{5-9}$$

或固液界面只考虑色散力的相互作用，则可写为：

$$\sigma_{sl} = \sigma_s + \sigma_l - 2\Phi(\sigma_s^d\sigma_l^d)^{\frac{1}{2}} \tag{5-10}$$

则固体、液体的表面张力与固-液界面张力及接触角的关系为：

$$\cos\theta = \frac{2\Phi(\sigma_s\sigma_l)^{\frac{1}{2}}}{\sigma_{lv}} - \frac{\sigma_l}{\sigma_{lv}} - \frac{\pi_e}{\sigma_{lv}} = \frac{\sigma_l - \sigma_{sl} - \sigma_e}{\sigma_{lv}} \tag{5-11}$$

对于某些色散力相互作用的固-液体，如碳氢化合物或相似的液体，在单一聚合物表面形成接触角的关系式为：

$$\cos\theta = \frac{2\Phi(\sigma_s^d\sigma_l^d)^{\frac{1}{2}}}{\sigma_{lv}} - \frac{\sigma_l}{\sigma_{lv}} - \frac{\pi_e}{\sigma_{lv}} \tag{5-12}$$

由于液体与本身蒸汽接触面的吸附不太可能引起液体的表面张力的变

化，有：

$$\sigma_{lv}=\sigma_l,\quad \sigma_{sv}=\sigma_s \tag{5-13}$$

对于低表面能的固体聚合物，如果液体不能自动地铺展到其表面上，说明液体在该固体表面的扩散压很小，π_e 可以忽略不计，因此有：

$$\cos\theta=-1+2\Phi\left(\frac{\sigma_s^d}{\sigma_{lv}}\right)^{\frac{1}{2}} \tag{5-14}$$

聚丙烯酸钠（PAAS）和油酸（OA）是最常见的固体聚合物分散剂，它们的结构式见表4-2，两者均属于有机化合物。聚丙烯酸钠易于在水中溶解，溶解过程由式（5-15）给出。当在水性溶剂中溶解时，由于较弱的分子间作用力，它们易于在纳米流体表面和界面聚集，这种现象最终会引起分散剂在界面上的浓度远大于纳米流体内部，从而会形成所谓的“负吸附”。

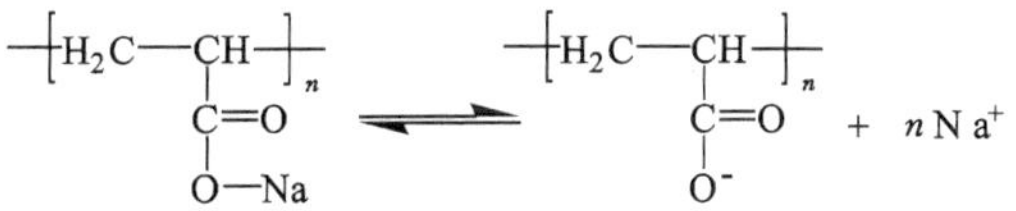
(5-15)

聚丙烯酸钠（PAAS）和油酸（OA）均含有亲水基（羧基、羟基和碳碳双键）和疏水基（碳链），当纳米流体滴在基板上时，亲水的基团更容易在基板表面吸附，从而使疏水的基团“裸露”在表面。即金属表面的一部分会被分散剂的疏水端所取代。同时，已经发生吸附的分散剂也可能会发生脱附而重新回到纳米流体中。最终，吸附和脱附达到一个动态的平衡，平衡吸附量由Langmuir方程[272]给出，见式（5-16）。

$$\theta=\frac{aP}{1+aP} \tag{5-16}$$

式中　θ——吸附率；

a——吸附常数；

P——分散剂浓度。

其结果是，真实的固-液界面将由两部分构成，一部分是原始的界面，另一部分则是由“裸露”的疏水基组成，如图5-11(a)所示。这样一来，整个系统的润湿状态将由Wenzel润湿向Cassie润湿转变。Cassie方程[268-269]的表述见式（5-17）。

$$\cos\theta=f_1\cos\theta_1+f_2\cos\theta_2 \tag{5-17}$$

式中　f_1——原始界面所占的面积百分比；

f_2——被取代的界面所占的面积百分比；

θ_1——液体在原始界面的接触角；

θ_2——液体在被取代界面的接触角。

其中，$f_1+f_2=1$，由于$\theta_2>\theta_1$，因此，原始界面被疏水基团取代后，整体的接触角将会增加。

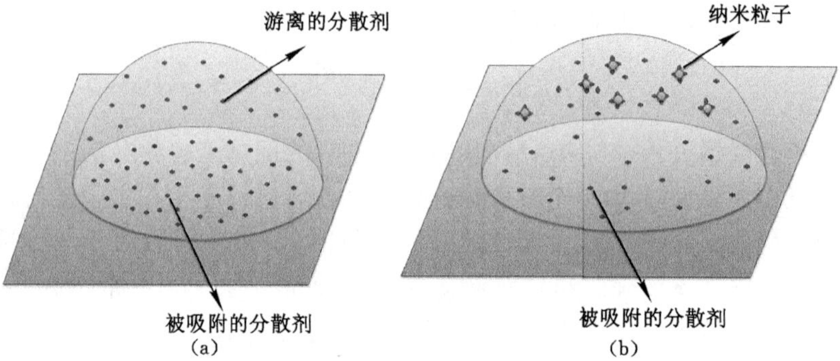

图 5-11　分散剂和纳米粒子对纳米流体润湿性影响示意图

(a) 分散剂对纳米流体润湿性影响；(b) 纳米粒子对纳米流体润湿性影响

当进一步添加纳米粒子时，如图 5-11(b)所示，由于分散剂同样易于在纳米粒子表面吸附，所以纳米流体中的分散剂数量减少，促使已在固-液界面吸附的分散剂发生脱附而成为自由分散剂分子重新回到体相中，动态平衡向左移动，被取代的界面所占的面积百分比减少，因而纳米流体的接触角有所降低。

而对于六偏磷酸钠(SHMP)，由于其只是离子型表面活性剂，因此，只通过改变纳米流体的表面张力来影响纳米流体的润湿性，并且对纳米流体表面张力的影响也很有限，因此六偏磷酸钠(SHMP)的使用对纳米流体的润湿性影响较小。

5.3　黏度测试与机理探究

作为最重要的理化性能指标，润滑剂的黏度决定了其本身在使用过程中的润滑效果，目前对水基纳米流体黏度的研究还处于探索阶段。已经知道纳米粒子的添加能够使流体的黏度升高，然而目前尚未有合适的理论或模型可以精确地计算纳米流体的黏度。为此，本节将系统研究 TiO_2纳米颗粒的添加对水性流体的黏度以及流变性能的影响，揭示 TiO_2纳米流体的黏度变化规律以及流变特性。

5.3.1 理论模型

纳米流体实际上是一种固-液两相混合体系，对于这样的混合体系，目前有一些预测黏度的公式和模型。

Einstein 模型[273-274]是分析固-液混合体系黏度的最有代表性的模型，然而它只适用于低浓度的悬浮液，且此悬浮液为牛顿流体，溶质为球状粒子。Einstein 的表达式见式(5-18)。

$$\frac{\eta}{\eta_0}=(1+2.5\varphi) \tag{5-18}$$

式中 η_0——基础液黏度，mm^2/s；

η——悬浮液(纳米流体)黏度，mm^2/s；

φ——固体粒子含量，mol/m^3。

随后，Brinkman、Krieger 等相继对 Einstein 模型进行了修正，修正后的黏度模型见表 5-1。

表 5-1　固-液混合体系黏度预测模型

名称	年份	表达式
Brinkman[275]	1952	$\frac{\eta}{\eta_0}=\frac{1}{(1-\varphi)^{2.5}}$
Frankel[276]	1967	$\frac{\eta}{\eta_0}=\frac{9}{8}\left[\frac{\frac{(\frac{\varphi}{\varphi_m})^{\frac{1}{3}}}{(\varphi_m-\varphi)^{\frac{1}{3}}}}{\psi_m^{\frac{1}{3}}}\right]$
Nielsen[277]	1970	$\frac{\eta}{\eta_0}=(1+1.5\varphi)e^{\frac{\varphi}{1-\varphi_m}}$
Lundgren[278]	1972	$\frac{\eta}{\eta_0}=[1+2.5\varphi+6.25\varphi^2+f(\varphi^3)]$
Batchelor[279]	1977	$\frac{\eta}{\eta_0}=(1+2.5\varphi+6.5\varphi^2)$
Graham[280]	1981	$\frac{\eta}{\eta_0}=\left\{1+2.5\varphi+4.5\left[\frac{1}{\frac{l}{d}(2+\frac{l}{d})(1+\frac{l}{d})^2}\right]\right\}$

由表 5-1 可知，经典的黏度模型所预测的黏度仅仅是纳米粒子浓度的函数，分散剂、温度等因素并没有予以考虑。而事实上，很多文献[281-282]均指出，分散剂的引入、pH 值的变化以及纳米粒径的不同等因素，均会对纳米流体的黏度有较大影响。因此，本节将重点研究使用不同分散剂的纳米流体的黏度变化、不使用分散剂的纳米流体流变特性、纳米流体的电滞效应等，并对纳米流体的黏度模型进行了修正。

5.3.2 不同分散剂的增黏效应

为考查分散剂的类型对纳米流体黏度的影响，设计了三种不同类型的纳米流体，每种纳米流体分别以聚丙烯酸钠(PAAS)、六偏磷酸钠(SHMP)以及油酸(OA)作分散剂。

首先以聚丙烯酸钠(PAAS)为分散剂，制备了聚丙烯酸钠(PAAS)含量分别为 0.5%和 1.0%的两组纳米流体。每组纳米流体均包含粒径为 50 nm，浓度分别为 0%、0.25%、0.5%、0.75%和 1.0%的 TiO_2 纳米粒子。使用黏度仪分别对两组纳米流体的黏度进行分析，实验结果如图 5-12 所示。

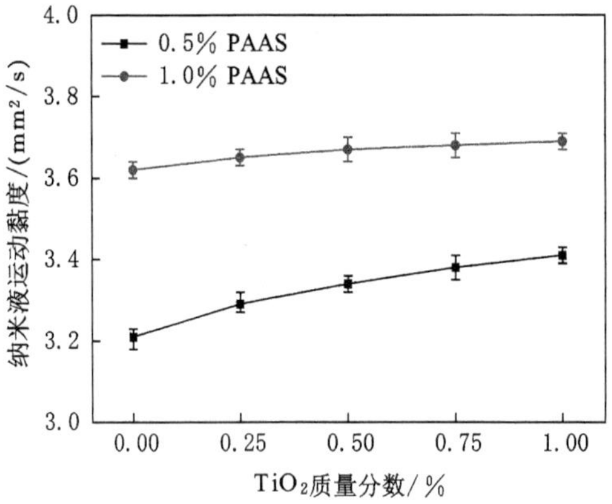

图 5-12　PAAS 作分散剂的纳米流体运动黏度随纳米浓度的变化关系

由图 5-12 可知，纳米流体的运动黏度同时受聚丙烯酸钠(PAAS)和 TiO_2 纳米粒子浓度的影响。去离子水在室温下的运动黏度大约为 0.889 mm^2/s，当加入 0.5%的聚丙烯酸钠(PAAS)后，其运动黏度迅速增加到 3.2 mm^2/s，进一步增加聚丙烯酸钠(PAAS)的浓度到 1.0%，运动黏度增长速度有所减缓。当分散剂(PAAS)浓度一定时，随着 TiO_2 纳米粒子浓度的增加，纳米流体的运动黏度同样会有所提高，这种提高的速度受分散剂(PAAS)浓度的影响，分散剂(PAAS)浓度越高，纳米流体运动黏度增加的速度越缓慢。

此后以六偏磷酸钠(SHMP)为分散剂,同样制备了两组不同分散剂含量的纳米流体,分散剂的含量仍然为 0.5%和 1.0%。每组纳米流体也同样包含 0%、0.25%、0.5%、0.75%和 1.0%的 TiO_2 纳米粒子,使用黏度仪分别对两组纳米流体的黏度进行分析,用于考查六偏磷酸钠(SHMP)为分散剂时,纳米流体的黏度变化情况,分析得到的实验结果如图 5-13 所示。

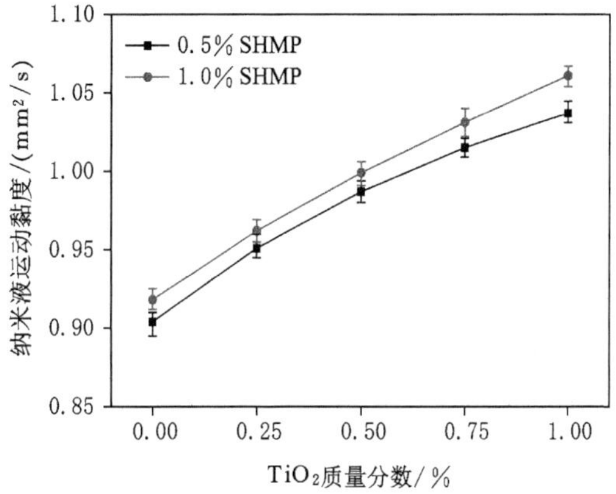

图 5-13　SHMP 作分散剂的纳米流体运动黏度随纳米浓度的变化关系

由图 5-13 可以看出,六偏磷酸钠(SHMP)作分散剂时,纳米流体的运动黏度仅仅受到 TiO_2 纳米粒子浓度的影响,随着 TiO_2浓度的增加,纳米流体的运动黏度增加,这种增加的速度几乎不受分散剂(SHMP)浓度的影响。当加入 0.5%的六偏磷酸钠(SHMP)后,其运动黏度为 0.904 mm^2/s,相对于去离子水只增加了 0.015 mm^2/s。即使进一步增加 SHMP(1.0%),纳米流体运动黏度也只有 0.918 mm^2/s,远低于纳米粒子对纳米流体运动黏度的影响程度。

最后以油酸(OA)为分散剂,用同样的方式制备了两组 TiO_2 纳米流体,以考查油酸(OA)对纳米流体黏度的影响,使用黏度计分别对两组纳米流体的黏度进行分析,实验结果如图 5-14 所示。

由图 5-14 可以看出,使用油酸(OA)作分散剂时,纳米流体的黏度表现出与六偏酸钠分散(SHMP)时相同的变化趋势,随着纳米粒子浓度的增加,纳米流体的运动黏度有所提高。另外,分散剂(OA)对纳米流体运动黏度也具有一定的影响,当加入 0.5%的油酸(OA)后,纳米流体运动黏度为 1.001 mm^2/s,相对于去离子水增加了 0.108 mm^2/s,进一步增加分散剂(OA)的浓度到

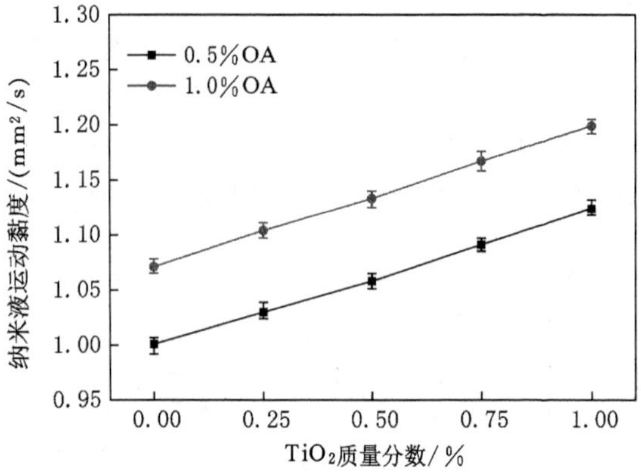

图 5-14　OA 作分散剂的纳米流体运动黏度随纳米浓度的变化关系

1.0%，纳米流体运动黏度为 1.071 mm^2/s，低于 TiO_2 纳米粒子对纳米流体运动黏度的影响。

5.3.3　流变性能研究

通过上一小节的实验，明确了当分散剂存在时，TiO_2 纳米流体黏度的变化趋势。然而，当不添加分散剂时，纳米流体的黏度乃至流变性能又将出现什么样的变化，这些问题将在本小节详细探讨。

牛顿流体和非牛顿流体具有截然不同的流变性能。对于非牛顿流体，其黏度在很大程度上依赖于剪切速率的变化。而作为润滑剂的纳米流体恰好是处于高剪切状态的工作环境。因此，对纳米流体的流变性能进行研究是本节的出发点。

首先对 TiO_2 纳米流体的基液(即去离子水)的流变行为进行了研究，如图 5-15 所示。从图 5-15(a)可以看出，基液的剪切速率与剪切应力呈现线性变化的关系，说明本书所选择的基液为牛顿流体。而从图 5-15(b)则可以看出基液在相同的温度下其运动黏度为常数，不随剪切速率的变化而变化，但对温度的变化非常敏感。在温度由 20 ℃升高到 40 ℃的过程中，基液的动态黏度由 1.15 mPa·s 下降到 0.79 mPa·s。

应用动态黏度曲线可以直观地评估流体的流变行为，因而对不同 TiO_2 浓度的纳米流体在不同剪切速率的流变行为进行了研究。为能够更清晰地分析纳米粒子对纳米流体流变性能的影响，本小节实验制备的纳米流体未使用任何分散剂，而仅仅采用机械搅拌和水浴超声的手段对纳米流体进行分散。为

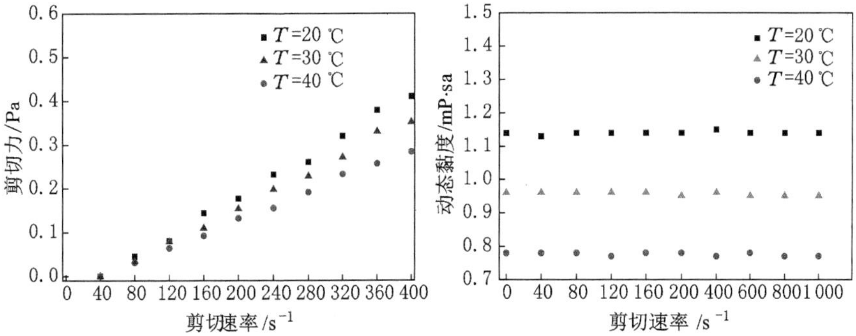

图 5-15　不同温度下去离子水的流变特性

(a) 剪切力;(b) 动态黏度

减少纳米 TiO_2的团聚带来的影响，纳米流体制备完成后马上进行动态黏度测试，得到的动态黏度随剪切率的变化关系如图 5-16 所示。

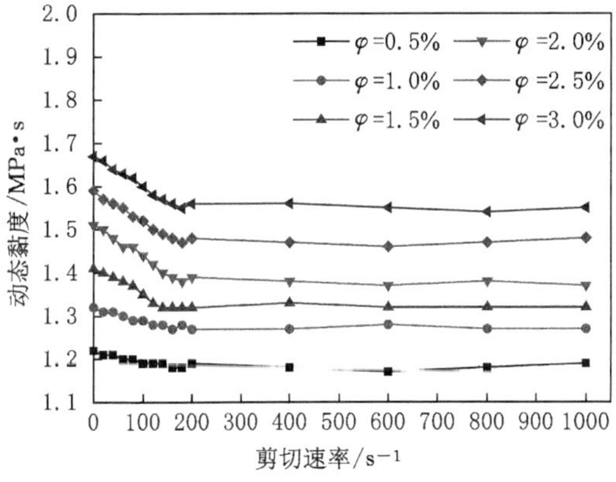

图 5-16　不同剪切速率下 TiO_2纳米流体的动态黏度

显然，当纳米粒子的浓度很低时，如低于 0.5%，纳米流体的动态黏度变化受剪切速率的影响较小，在测量范围内几乎保持不变；当 TiO_2浓度逐渐增大时，在较低的剪切率范围逐渐出现“剪切变稀”的现象，这可能是由于在剪切力的作用下，流体中的纳米粒子重新分布引起的。此外，一些原本已团聚的纳米粒子，在剪切力的作用下，也可能会被打散而重新分布，同样使得流体的动态黏度降低。特别地，即使是对于较高浓度的纳米流体，在高剪切率作用下，仍显示出较好的牛顿流体特性。前人对乙二醇为基液的 SiC 纳米流体的研究，也同样证实了这一现象[283]。

随后本书分析了不同粒径的纳米流体的流变特性，选取粒径分别为 20 nm、50 nm 和 200 nm 的 TiO_2 纳米粒子，配制成体积浓度为 1.0% 的纳米流体。使用马尔文粒度仪测量了分散后的纳米粒径，结果如图 5-17(a)所示。可以看出，在开始阶段，分散后的纳米粒径和原始尺寸相差不大。因此，三种纳米流体的粒径可以近似等效为 20 nm、50 nm 和 200 nm。

研究不同纳米尺寸的纳米流体($\varphi=1.0\%$)动态黏度随剪切速度的变化关系，结果如图 5-17(b)所示。对于体积分数为 1.0% 的 TiO_2 纳米流体，纳米粒径对其动态黏度有着一定的影响，当粒径较大时，其动态黏度几乎不受剪切速率的影响，显示较为明显的牛顿流体特性；当纳米粒径减小到 20 nm 时，纳米流体动态黏度在初始阶段随着剪切率的升高而缓慢降低，非牛顿流体特性开始变得显著。同样，在高剪切速度下，三种粒径的纳米流体均呈现出明显的牛顿流体特性。此外，由图中也可以看出，纳米粒子粒径的降低能够提高流体的动态黏度。

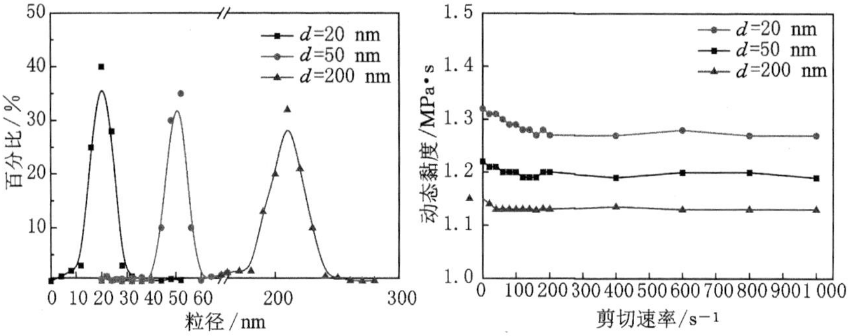

图 5-17　不同粒径的纳米流体的粒径分布与动态黏度

(a) 粒径分布；(b) 动态黏度

温度是影响流体流变性能的一个关键性因素，因而对粒径为 20 nm 的 TiO_2 纳米流体在不同温度下的流变行为进行了研究，结果如图 5-18 所示。从结果可以看出，流体的动态黏度和温度呈现反向变化的关系，随着温度的升高，动态黏度变小。例如，TiO_2 体积分数为 0.5% 时，在温度从 20 ℃升高到 40 ℃的过程中，流体的动态黏度下降了 32%，同样的趋势在很多文献中均有报道[284-285]。这种现象的产生，是由于温度升高时，纳米粒子间以及纳米粒子与基础液分子的相互作用力减弱，因而降低了动态黏度。图 5-18 同样给出了流体动态黏度和 TiO_2 纳米粒子浓度之间的关系，即纳米粒子的加入提高了流体的动态黏度，且纳米粒子浓度越高，流体的动态黏度变化越大。

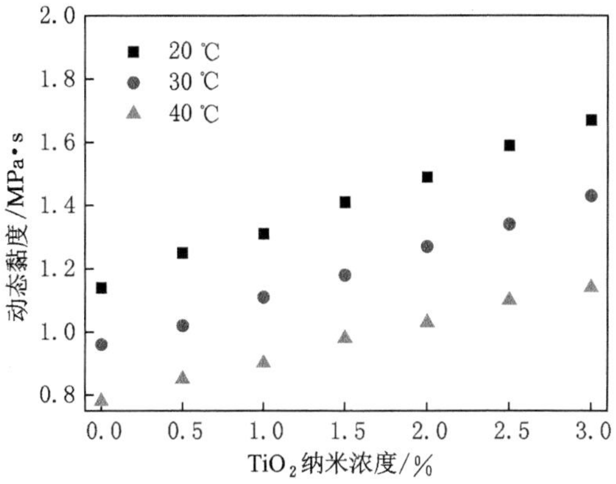

图 5-18　纳米流体动态黏度随 TiO_2浓度的变化关系

如果将纳米流体的动态黏度表示成相对黏度的形式，即 η_{nf}/η_{bf}，其中 η_{nf}表示纳米流体的动态黏度，η_{bf}表示基础液的动态黏度，那么在不同的温度下，纳米流体的相对黏度可以整理成图 5-19 的形式，与经典的 Einstein 和 Brinkman 黏度模型比较可以发现，纳米流体的相对黏度并不依赖于温度的变化，即相对黏度不随温度的变化而变化。此外，流体的相对黏度远高于经典的黏度模型。

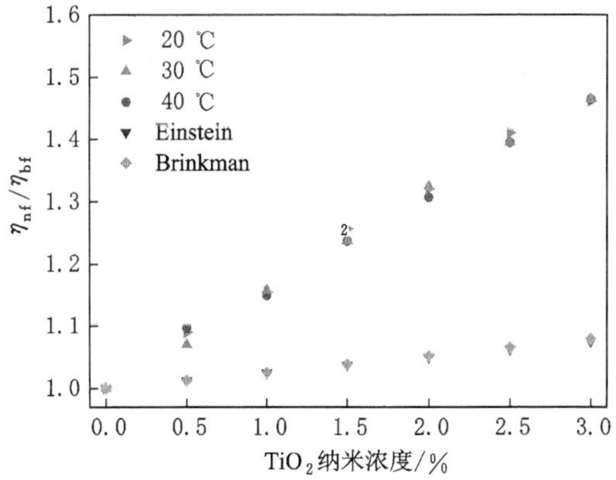

图 5-19　纳米流体相对黏度实验值和理论值对比图

绝大多数研究学者都将纳米流体真实黏度值和经典模型的偏差归因于分散剂的引入和 pH 值的变化。但在本节的研究中，纳米流体的制备并未加入任何分散剂，因而不存在分散剂的影响因素。而 pH 值对纳米流体黏度的影响，也少有文献进行详细的报道。因此，本小节将针对 pH 值对流体黏度的影响做重点研究。

重新回归到 Einstein 的黏度模型，在 Einstein 的理论中，认为固体粒子是刚性不带电的，且相互之间无作用力。而实际上，流体中的纳米粒子通常是带电的。电荷会在纳米粒子表面呈有序排列状，也就是通常所说的双电层(EDL)。双电层的存在，使得纳米粒子附近的流场受到破坏或变形。这种流场的破坏或变形通常归因于两个方面：其一是纳米粒子本身对流场的破坏；其二是纳米粒子产生的双电层对流场施加的额外的变形，如图 5-20 所示。由图 5-20(a)可知，对于一种纯净的液体，液体通常为层流；加入纳米粒子后，假设粒子在流体中是呈中性的，纳米粒子的存在会引起层流的变形，如图 5-20(b)所示；假设流体中的纳米粒子是带电的，则在流体中产生的双电层会引起流场额外的变形，如图 5-20(c)所示。由双电层引起的层流的破坏导致的能量耗散，称为电滞效应，它由 Smoluchowski[286] 首次提出，其表达式如下：

$$\frac{\eta}{\eta_0}=[1+(2.5+P)\varphi] \tag{5-19}$$

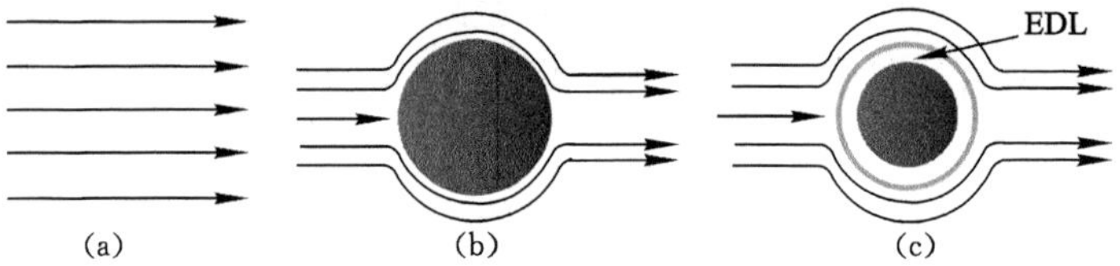

图 5-20　流体的层流

(a) 纯净流体；(b) 流体中含有中性粒子；(c) 流体中含带电粒子

双电层对流场的破坏程度，即双电层厚度，也称为 Debye 长度，由式(5-20)给出。

$$\kappa^{-1}=\sqrt{\frac{4\pi e^2}{\varepsilon kT}\sum_{i=1}^{N}n_i z_i^2} \tag{5-20}$$

而 κ^{-1}(通常用 Debye 长度和固体粒子半径的乘积来表示，即 κa)代表电滞效应对黏度的影响程度。小的 κ^{-1}(κa 较大)值说明电滞效应的影响占主导地位；而 κ^{-1}较大(κa 较小)则说明电滞效应的影响可以忽略不计。很明显，通过计算流体中的离子总数而得到 κ^{-1}值，进而估算电滞效应的影响是不明智的，而 κ^{-1}(κa)值在很大程度上依赖于纳米粒子的 Zeta 电势(ζ 电势)，因而对 Zeta 电势(ζ 电势)的测量则可以为电滞效应的研究提供新的思路。首先确认纳米流体等电点(IEP)的pH值。易知在等电点(IEP)附近,电荷完全呈中性或者被屏蔽,此时纳米粒子表面的电荷分布与基础液体相相同,因而电滞效应的影响较小,予以忽略。对 TiO_2 纳米流体 Zeta 电势和 pH 值之间的关系进行了测试,结果如图5-21所示。显然,随着pH值的增加,流体的Zeta电势呈现下降的趋势。当pH值在5.5附近时,Zeta电势下降到0,因而 TiO_2 纳米流体的等电点是pH值为5.5。

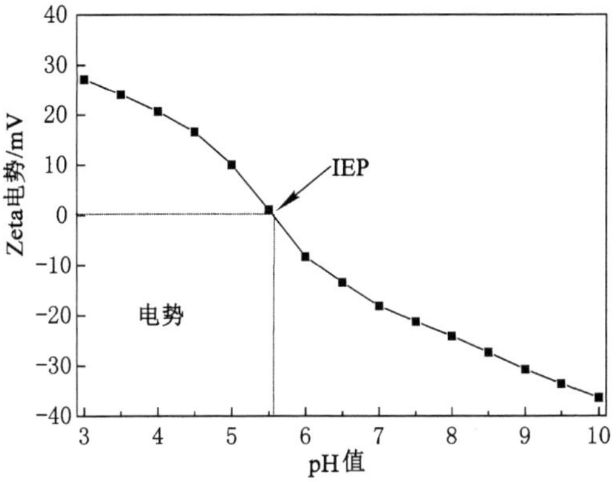

图5-21 不同pH值的纳米流体Zeta电势

确定了 TiO_2 纳米流体的等电点,进一步对不同pH值的流体黏度随 TiO_2 浓度的变化进行了研究。图5-22给出了流体的相对黏度随 TiO_2 浓度的变化关系。由于涉及的pH值较多,为方便辨认,将图5-22分解为图5-22(a)和图5-22(b)的形式。可以发现,对于所有pH值的 TiO_2 纳米流体,其相对黏度与 TiO_2 浓度的变化都呈现线性增长的关系。说明只有初级电滞效应发生了作用(次级电滞效应的效果一般是曲线)。同样从图中也可以看出,流体的pH值离5.5越远,相对黏度对 TiO_2 浓度的斜率就越大。这是由于流体的pH值越远离等电点(pH值为5.5),Zeta电势就越高,因而初级电滞效应就越明显。

通过估算相对黏度与 TiO_2 纳米浓度的斜率,可以得到不同pH值的电滞效应系数。图5-23显示的是估算得到的不同pH值纳米流体的电滞效应系数 P 以及Booth理论[287]的计算值比较图,由图中可以看出,通过图5-22估算出的电滞效应系数与Booth理论的计算值具有相同的变化趋势,但估算值远高于Booth理论的计算值。易知在等电点(IEP)附近,电滞效应应该是不存在的,因而初级电滞效应系数为零。但是我们通过对图5-22的估算,得出的初级电滞效应系数却远远大于零,这与Booth理论是不相符的。

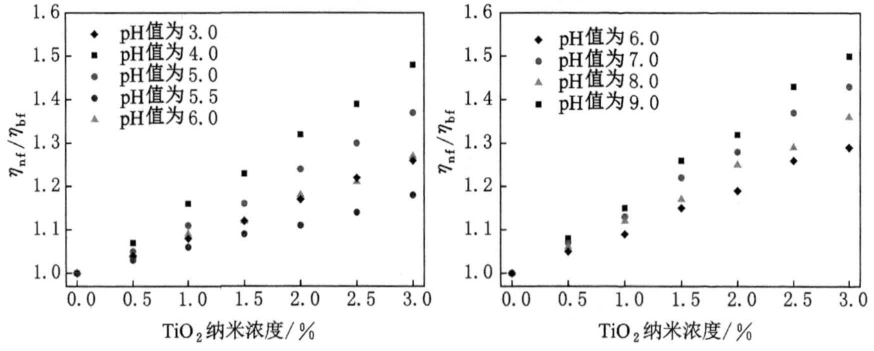

图 5-22 不同 pH 值的纳米流体黏度随 TiO_2 的变化关系

(a) pH 值为 3～6；(b) pH 值为 6～9

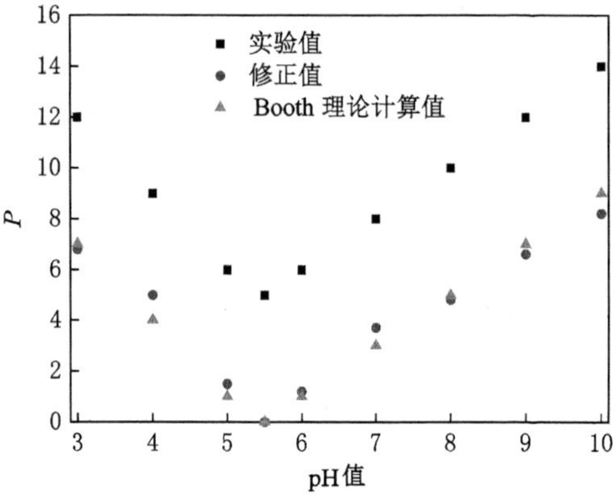

图 5-23 不同 pH 值的纳米流体的初级电滞效应系数

实际上，对于分散在液体介质中的纳米粒子，由于较大的比表面能，液体介质分子会在其表面发生吸附而形成一层有序的吸附膜，即界面层（界面层的特征会在本书相关章节中进行详细探讨）。界面层的存在，相当于间接地增加了纳米粒子的半径，也即增加了纳米粒子的体积分数。这就使得 Booth 理论得到的曲线整体上移。此外，再加上其他的一些因素，如系统误差等，也会造成一些额外的影响。然而，既然这些因素存在于整个实验和估算过程中，假设这些影响的总和为一定值，那么此值应该等于等电点的电滞效应实验值，因此可以将实验值整体向下平移，直到等电点的初级电滞效应系数为零。此时，由图中可以看出，平移后的修正值与 Booth 理论计算值有着惊人的相似。

5.3.4　基于双电层理论的黏度公式修正

牛顿最先提出黏性流体的流动模型，他认为流体的流动是许多极薄的流体层之间的相对滑动。在厚度为 h 的流体表面上有一块面积为 A 的平板，在力 F 作用下以速度 u 运动，此时，由于黏性流体的内摩擦力而将运动依次传递给各层流体。由于流体的黏滞性，在相互滑动的各层之间将产生剪应力即流体的内摩擦力，由它们将运动传递给各相邻的流层，使流动较快的层减速，流动较慢的层加速，形成按一定规律变化的流速分布。牛顿定律表达式[288]见式(5-21)。

$$\tau = \eta \frac{\mathrm{d}u}{\mathrm{d}z} \tag{5-21}$$

本次实验的纳米 TiO_2粒子基本为球形，由于其尺寸很小，因而将其简化为理想球模型。则纳米流体中纳米粒子的总体积可以由式(5-22)表示。

$$V_n = \frac{4N}{3}\pi R^3 \tag{5-22}$$

式中　V_n——纳米 TiO_2体积；

N——纳米 TiO_2个数；

R——纳米 TiO_2半径。

在纳米流体中，被完全润湿的 TiO_2纳米粒子表面由于吸附分散剂所电离出的阴离子等因素，而在周围会产生一个静电层，即双电层。根据 DLVO 理论，静电产生的电层由两部分组成：一部分是致密排列的紧密层；另一部分是排列较松散的扩散层，如图 5-24 所示。当纳米粒子在纳米流体中运动时，滑移面以内的电荷会随着纳米粒子一起运动。双电层的存在，同样会影响液体

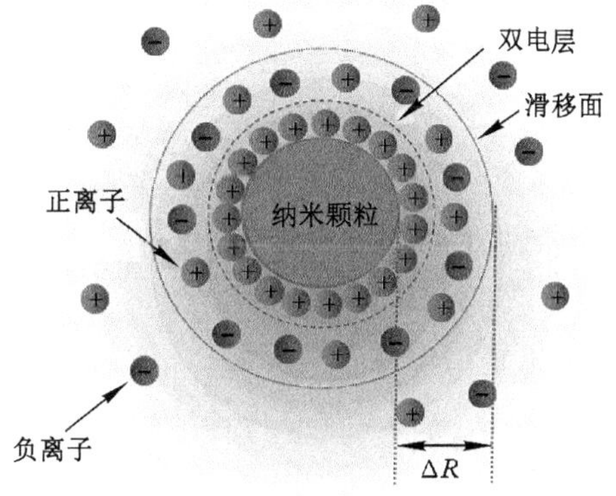

图 5-24　基于双电层理论的基础液中纳米粒子结构示意图

的“层流”特性。因而，计算纳米流体的黏度，有必要将双电层的作用范围和纳米粒子当成一个连续体。若双电层所占的体积为 V_f，在理想分散条件下，不考虑团聚粒子之间的表面的直接接触，粒子在体系中实际体积与实际半径有如下关系：

$$V_R = V_f + V_n \tag{5-23}$$

$$R_r = R + \Delta R \tag{5-24}$$

式中 V_R——纳米粒子在体系中实际体积；

R_r——纳米粒子在体系中实际半径；

ΔR——纳米粒子表面双电层的厚度。

由式(5-22)～式(5-24)可以得到 TiO_2 纳米粒子表面双电层所占的体积 V_f 为：

$$V_f = N \frac{3}{4} \pi R^3 \left[3\left(\frac{\Delta R}{R}\right) + 3\left(\frac{\Delta R}{R}\right)^2 + \left(\frac{\Delta R}{R}\right)^3 \right] \tag{5-25}$$

由式(5-22)、式(5-23)和式(5-25)可以得出，TiO_2 纳米粒子在纳米流体中的实际体积 V_R 可以表示为：

$$V_R = V_n \left[1 + 3\left(\frac{\Delta R}{R}\right) + 3\left(\frac{\Delta R}{R}\right)^2 + \left(\frac{\Delta R}{R}\right)^3 \right] \tag{5-26}$$

将式(5-26)进行配方变换，可以得到 TiO_2 纳米粒子在纳米流体中的实际体积 V_R 的最终表达式，即：

$$V_R = V_n \left[1 + \frac{\Delta R}{R} \right]^3 \tag{5-27}$$

基于以上研究，在 Brinkman 理论的基础之上，推导并提出了水纳米 TiO_2 流体的黏度修正公式，即：

$$\frac{\eta}{\eta_0} = \frac{1}{\left[1 - \left(1 + \frac{\Delta R}{R}\right)^3 \varphi\right]^{2.5}} \tag{5-28}$$

式中 η——水纳米 TiO_2 流体黏度，mPa·s；

η_0——相同温度下水的黏度，mPa·s；

φ——纳米 TiO_2 流体的浓度，mol/m^3。

而 TiO_2 纳米流体的浓度 φ 以及纳米流体中被完全润湿的纳米粒子实际浓度 φ_R 可以分别被表示为：

$$\varphi = \frac{V_n}{V} \tag{5-29}$$

$$\varphi_R = \frac{V_R}{V} \tag{5-30}$$

式中　V——所测量纳米流体的总体积。

根据式(5-28)～式(5-30)，可以得出纳米流体中被完全润湿的纳米粒子实际浓度 φ_R 的最终表达式，即：

$$\varphi_R = \varphi \left[1 + \frac{\Delta R}{R}\right]^3 \tag{5-31}$$

而 ΔR 实际上是从纳米粒子的表面到滑移面的距离。而双电层的厚度可表示为：

$$\kappa^2 = \frac{2n_0 Z^2 e^2}{\varepsilon_0 \varepsilon k T} \tag{5-32}$$

式中　κ——双电层厚度的倒数。

由式(5-31)可以看出，在纳米 TiO_2粒子半径保持一定的条件下，其流体的相对黏度随着纳米粒子表面电层厚度的增大而增大，且在温度一定的条件下，纳米流体的黏度也随着粒子双电层厚度的增大而增大。

为准确计算 ΔR 的值，本书引用了 Gouy-Chapman 双电层模型。设反号离子浓度梯度引起粒子周围双电层液体中的电势差为 ψ，纳米粒子表面的电势分布可由式(5-33)给出：

$$\frac{d^2\psi}{dx^2} = \frac{2n_0 Ze}{\varepsilon} \sin h\left(\frac{Ze\psi}{K_B T}\right) = \kappa^2 \psi \tag{5-33}$$

式中　ε——液体的介电常数；

x——双电层中一点到颗粒表面的距离，nm；

e——电子电荷量，eV；

T——绝对温度，K；

K_B——Boltzmann 常数；

n_0——液体中电解质的浓度，mol/m^3。

在远离纳米粒子表面处，正、负离子浓度相等，因而不存在电势差，$\psi=0$；且电势梯度也为零，即$\frac{d\psi}{dx}=0$。根据这些条件，得方程(5-33)的解为：

$$\gamma = \gamma_0 \exp(-\kappa x) \tag{5-34}$$

其中：

$$\gamma = \frac{\exp[Ze\psi/(2k_B T)]-1}{\exp[Ze\psi/(2k_B T)]+1};\quad \gamma_0 = \frac{\exp[Ze\psi_0/(2k_B T)]-1}{\exp[Ze\psi_0/(2k_B T)]+1}$$

若粒子表面电势 ψ_0 很大且为正时，$\gamma_0 \to 1$，式(5-34)可以写作：

$$\gamma = \exp(-\kappa x) \tag{5-35}$$

令 $y = \exp[Ze\psi/(2k_B T)]$，式(5-35)可以写作：

$$\frac{y-1}{y+1} = e^{-\kappa x}$$

或

$$y = \frac{1+e^{-\kappa x}}{1-e^{-\kappa x}}$$

因而有：

$$\psi = \frac{2k_B T}{Ze}\ln\frac{1+e^{-\kappa x}}{1-e^{-\kappa x}} \tag{5-36}$$

通过测定纳米粒子的 Zeta 电位，即 ζ 电位，则可由式(5-36)求出剪切面到粒子表面的距离 x，即 ΔR。为验证修正黏度公式的准确性，首先测定不同 pH 值下的 Zeta 电位值，并根据式(5-36)计算双电层厚度 κ^{-1}。结果如图 5-25 所示。

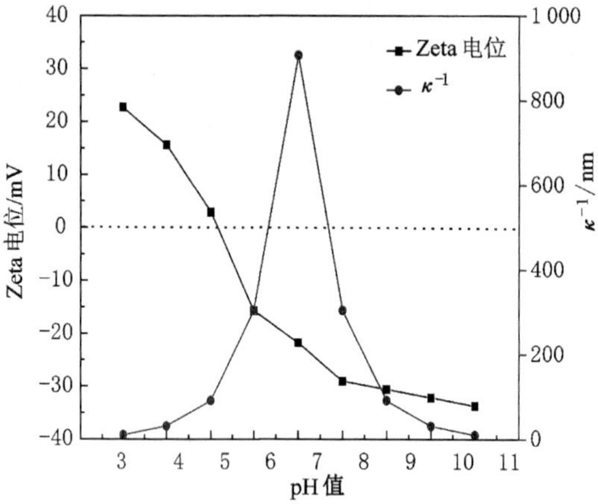

图 5-25　纳米流体 Zeta 电位及双电层厚度随 pH 值的变化曲线

在 pH 值为 3～9 的范围内，Zeta 电位绝对值不大于 30 mV，其纳米流体处于热力学不稳定状态，其计算结果不能作为参考依据，因此不予考虑。

分别通过式(5-36)计算 pH 值为 10、11 的 ΔR 值，结果列于表 5-2。可以看到，ΔR 的变化仅与 pH 值有关，并没有受到纳米粒径的影响。将计算出的 ΔR 值代入到式(5-28)，即可求得纳米流体在不同 pH 值的相对黏度理论值。选择与实测值进行比较，比较结果如图 5-26 所示。

表 5-2　　不同 pH 值的纳米粒子 ΔR 值

pH 值	ΔR		
	D=20 nm	D=50 nm	D=200 nm
10	18	18	18
11	10	10	10

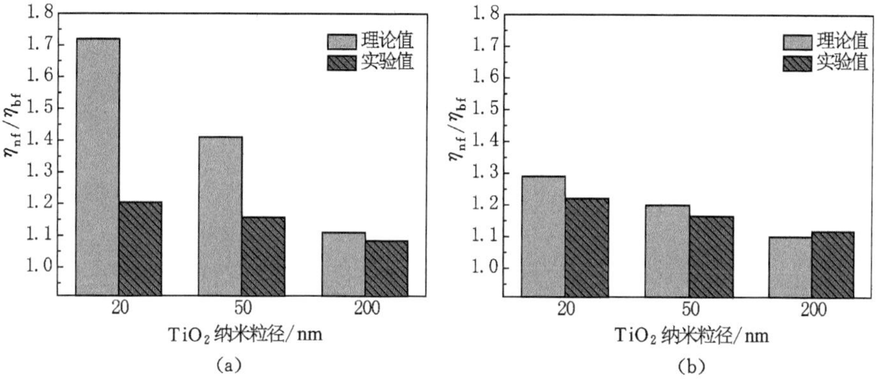

图 5-26　不同粒径的纳米流体黏度理论值与实验值

(a) pH 值为 10;(b) pH 值为 11

可以看出,pH 值为 10 时,如图 5-26(a)所示,相对黏度的理论值和实测值仍有较大的偏差,应该是在此 pH 值下,离子浓度较低,电滞效应的作用并不明显,并且整个纳米流体也仍处在热力学不稳定的状态,在测试的过程中已经发生团聚。而当 pH 值为 11 时,如图 5-26(b)所示,所测得的相对黏度实验值与理论值吻合程度较高,因此,式(5-33)具有较大的参考价值。在整个验证过程中,本书并未对更高 pH 值的纳米流体进行验证。这是由于在高 pH 值下,流体体相中的离子强度也已经很大,能够完全或部分屏蔽纳米粒子的双电层效应,从而无法保证验证过程的有效性。

可以看出:

(1) 润湿性实验表明,分散剂和纳米 TiO_2对纳米流体润湿性皆有一定的影响,其中分散剂可以改变纳米流体的润湿状态,令其由 Wenzel 状态向 Cassie 状态转变,润湿性能下降。进一步添加纳米 TiO_2粒子后,由于降低了纳米流体的表面张力,因而纳米流体的润湿性能略有提高。

(2) 黏度实验表明,纳米流体的黏度同时受分散剂和纳米浓度的影响,分散剂聚丙烯酸钠(PAAS)和纳米 TiO_2 的含量对纳米流体黏度的影响较大，而分散剂六偏磷酸钠(SHMP)的含量对纳米流体的黏度几乎没有影响。

(3) 考查了纳米流体的流变性，由于纳米粒子的加入而使得流体从牛顿流体向非牛顿流体转变；引入了 Gouy-Chapman 双电层模型，基于纳米粒子周围电势分布和距离的关系，通过理论计算，提出了全新的黏度公式。

第 6 章　TiO_2纳米流体的热传输行为研究

作为润滑剂的纳米流体在工作中起到两方面的作用，即润滑作用和冷却作用。润滑剂的冷却效果取决于其本身的热导率。研究表明，添加微量的纳米粒子，可以极大地提高基础液的导热系数，强化基础液的传热性能，并且不易产生堵塞等不良结果。几十年来，国内外研究人员开展了大量纳米流体传热强化机理的研究工作，并取得了显著的进步。一般认为，纳米流体传热强化主要与纳米粒子与基础液的界面层、纳米粒子在基础液中的布朗运动以及纳米粒子在基础液中的团聚形态有关。为此，本章将重点研究 TiO_2纳米流体的热导率，并基于此探讨纳米流体的传热模型。

6.1　纳米流体导热系数的测量

对于可压缩流体，只要内部存在温度梯度就不可避免地会引起自然对流。因而，如何将导热从其他传热过程中分离出来，是准确测量液体导热系数的主要障碍。瞬态热线法模型为无限大介质中的径向一维非稳态导热问题，即在处于初始热平衡状态下的无限大介质中，无限长的热线受到瞬间加热脉冲而引起的热传导过程。由于测量时间极短，在流体发生自然对流之前即完成，因而可以避免对流的影响。

6.1.1　瞬态热线法

将一根无限长的热线垂直插入到液体中，假设热线热容量为零，导热系数无限大，热线和待测液体在开始阶段温度为 T_0，处于热平衡状态。若此时有一恒定的热流 q 通过热线完全传递给液体，定义距离热线 r 处的液体温度变化为 $\Delta T(r,t)$，Carslaw 等[289]给出了如下的表达式：

$$\Delta T(r,t)=T(r,t)-T_0=-\frac{q}{4\pi K}E_1\left(-\frac{r^2}{4\alpha t}\right) \tag{6-1}$$

式中　α——液体的热扩散系数；

K——液体的导热系数；

$E_1(x)$——指数积分，且：

$$E_1(x)=\int_x^0 \frac{e^{-y}}{y}dy=-\gamma-\ln x+O(x^2) \tag{6-2}$$

其中 γ 是欧拉常数，其值为 0.572，热线半径为 r_0，在 $r=r_0$ 处，满足边界条件，$T(R_0,t)=\Delta T_{id}(R_0,t)$，即热线表面与界面表面温度相同，又因 $\frac{r_0^2}{4\alpha t}$ 较小，予以忽略，因而有：

$$\Delta T_{id}(R_0,t)=T(R_0,t)-T_0=\frac{q}{4\pi K}[\ln\frac{4\varepsilon\alpha}{r_0^2 C}+\frac{r_0^2}{4\varepsilon\alpha}+\cdots] \tag{6-3}$$

若热线半径足够小，则液体导热系数与热线温度变化关系可近似为：

$$\Delta T_{id}(R_0,t)=\frac{q}{4\pi K}\ln\frac{4\varepsilon\alpha}{r_0^2 C} \tag{6-4}$$

对式(6-4)两边进行微分可得瞬态热线法的基本方程式，即：

$$K=q/4\pi\frac{dT}{d(\ln t)} \tag{6-5}$$

由瞬态热线法的基本方程可以看出，流体的热导率可以通过 ΔT 对 $d(\ln t)$ 的斜率求得。实际上，由于假设热线为无限长，热导率无穷大，且热容为零，热线测量装置与理想模型会不可避免地产生偏差，但通过合理的设计，可以使实验值尽可能地与理想模型相近，将实验误差控制到很小的范围内。

6.1.2 实验系统

本书所使用的热导率测量仪器为 TC3100 通用型导热仪，两根长度分别为 0.134 m 和 0.067 m 直径均为 40 μm 的铂丝，插入到两个直径为 50 mm 盛有纳米流体的圆筒形玻璃容器内，通过恒温水浴来保持玻璃容器内的温度。铂丝既作为加热线源，又作为测温元件，两根铂丝长度不同。当同时给两根热线施加相同的电流时，两根热线产生同样的端部效应。因此，两根热丝的温度差就等同于一根无限长热线的有限部分的温度上升，于是就消除了热线的端部影响。

图 6-1 给出了瞬态热线法的原理示意图，运用惠斯通电桥来精确测量两根热线的电阻差，即两热线的温度差。图中所选用的不变电阻均为 0.01 级精密电阻，其中，R_r 阻值为 1 Ω，R_2 和 R_4 的阻值为 100 Ω。恒流电源输出的电流 I 即为 R_r 两端的电压降。电阻 R_L 和 R_3 为电阻温度系数极低的可变电阻，R_1 和 R_s 代表长、短热线的电阻。实验时，首先输出一较小的电流至电桥，然后调节 R_L 和 R_3，使惠斯通电桥处于平衡状态。此时有：

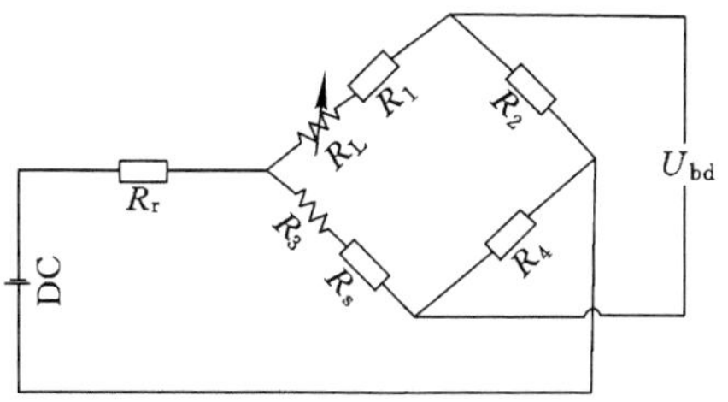

图 6-1　瞬态热线法原理示意图

$$(R_1+R_l)R_4=(R_3+R_s)R_2 \tag{6-6}$$

测量时，提高惠斯通电桥的电流，长、短热线的温度会升高，从而引起电阻值的增加，假定增大值分别为 dR_L 和 dR_s，则两热线变化量 dR 和电桥输出电压 dU_{bd} 满足式(6-7)。

$$dU_{bd}=\frac{1}{2}I(R_1+R_1+dR_1)-\frac{1}{2}I(R_3+R_s+dR_s)=\frac{1}{2}IdR \tag{6-7}$$

温度变化较小时，铂丝电阻与温度的关系可表示如下：

$$R(T)=R(0)[1+\alpha(T-273.15)] \tag{6-8}$$

式中　α——铂丝温度系数；

$R(0)$——0 ℃时铂丝的长度，其值为 L。

对式(6-8)进行微分，可得：

$$dR(T)=\alpha R(0)dT \tag{6-9}$$

由此，将式(6-9)、式(6-7)代入式(6-5)，可得：

$$K=\frac{\left(\frac{I}{2}\right)^3 R(T)R(0)\alpha}{4\pi L}\bigg/\frac{dU_{bd}}{d\ln t} \tag{6-10}$$

式(6-10)即为采用瞬态热线法测量纳米流体热导率的实验式。

6.1.3　TiO_2 纳米流体热导率测量与讨论

分别测量了不同 TiO_2 纳米粒子浓度，不同纳米粒径以及在不同温度下纳米流体的热导率，纳米流体制备过程不加入任何分散剂，以减少分散剂带来的影响，制备完成后立即用于热导率的测试。测量不同粒子浓度的纳米流体热导率时，所选择的 TiO_2 纳米粒子粒径为 20 nm。首先在室温下(20 ℃)进行测量，实验结果如图 6-2 所示。可以看出，在基础液中添加 TiO_2 纳米粒子显著提高了液体的热导率，而纳米粒子的浓度是影响纳米流体热导率的重要因素。随着 TiO_2 纳米浓度的提高，导热系数也逐渐增大，这是由于固体粒子的导热系数远高于液体，纳米粒子的加入引起了液体介质结构上的改变，增强了纳米流体内部的能量传递过程，因而提高了流体的热导率。

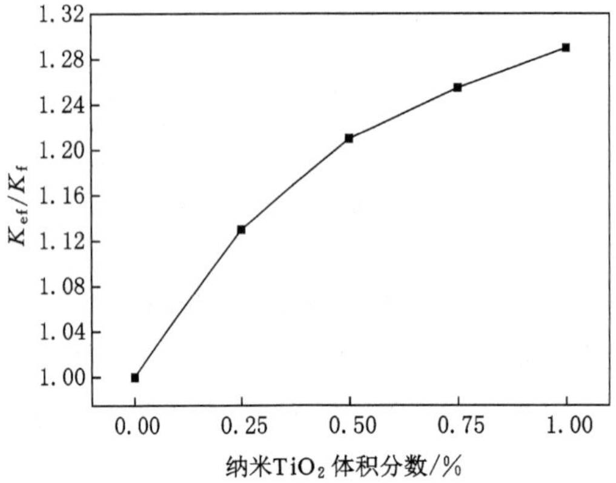

图 6-2　不同 TiO_2体积分数的纳米流体热导率

测量不同粒径的纳米流体的热导率所选择的 TiO_2体积分数分别为 0.5% 和 1.0%，同样在室温下(20 ℃)进行，实验结果如图 6-3 所示。由图中可以看出，对于相同 TiO_2浓度的纳米流体，20 nm 的纳米流体导热系数要明显高于 200 nm 的纳米流体。这是由于液体介质和粒子间的热传递过程发生在液体与纳米粒子的界面上，而 20 nm 的纳米粒子的比表面积要高于 200 nm 的纳米粒子，即与液体具有更多的换热面积，因而热传递就越快，热导率也越高。另外，由于纳米粒子的小尺寸效应，处于基液中的纳米粒子在布朗力等的作用

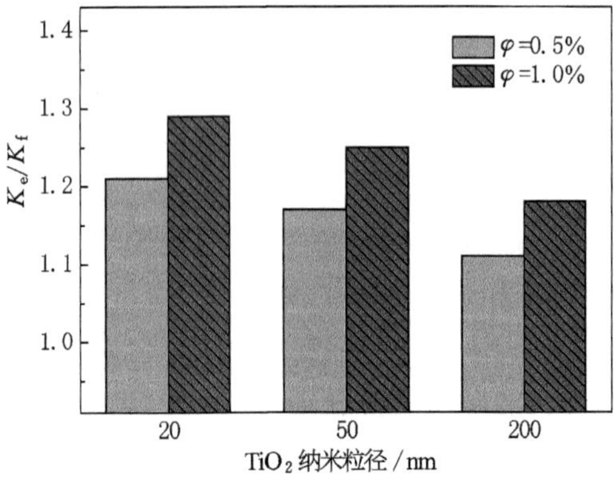

图 6-3　不同 TiO_2粒径的纳米流体热导率

下做无规则运动，使得纳米粒子与液体间产生“微对流”。这种现象增强了纳米粒子与基液之间的能量传递过程，粒子越小，布朗运动越剧烈，因而增大了纳米流体的热导率。

测量不同温度下纳米流体的热导率，所选择的 TiO_2纳米粒径为 200 nm、体积分数分别为 0.5%和 1.0%，结果如图 6-4 所示。可以发现，升高温度可以极大地增加纳米流体的热导率。对于粒径为 200 nm、体积分数为 1.0%的纳米流体，当温度为 20 ℃时，纳米流体的热导率是基液的 1.18 倍。当温度升高到 40 ℃时，这种比例提高到了 1.3 倍。

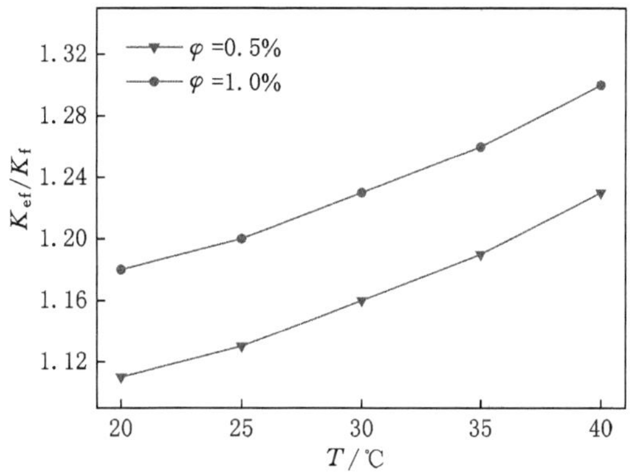

图 6-4　不同温度的纳米流体热导率

6.2　界面层效应

纳米粒子在基础液中分散时，基础液分子能够在纳米粒子表面形成一层有序排列的液膜，这层液膜称为界面层。界面层具有独特的热物理特性，因而，研究纳米流体热传输特性的同时，考虑纳米粒子的界面层效应是非常必要的。

6.2.1　界面层热导率模型的建立

本书所选用的 TiO_2纳米粒子为球形，因而研究纳米流体的界面层效应时亦将纳米粒子考虑为球形。图 6-5 是简化了的有着界面层的纳米粒子示意图。为了模型建立的简便性，对纳米流体的热传输过程做了如下假设：

（1）纳米流体共分为三个部分，即纳米粒子、界面层和基础液。纳米粒子静止且相距较远，粒子之间无相互作用。

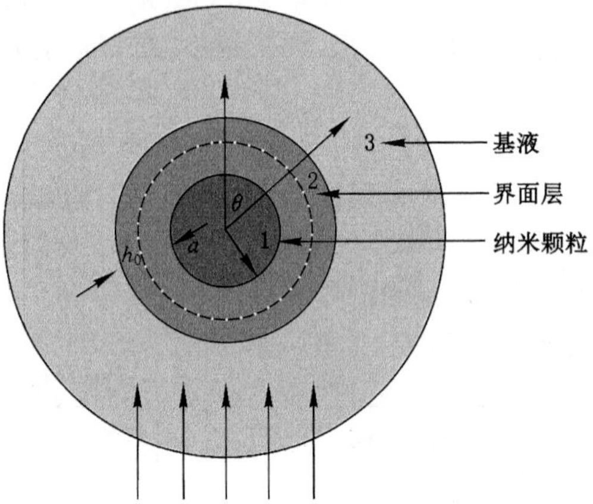

图 6-5　纳米粒子界面层结构示意图

(2) 温度场分布在整个纳米流体中是连续的,且温度场梯度在边界处(固液界面层)不连续。

(3) 在整个纳米流体区域内,温度场分布满足拉普拉斯方程。即:

$$\nabla T = 0 \tag{6-11}$$

假设温度场分布不依赖于方位角,则拉普拉斯方程可使用球坐标方式表示,见式(6-12)。

$$\frac{\partial}{\partial r}(r^2 \frac{\partial T}{\partial r}) + \frac{1}{\sin\theta}\frac{\partial}{\partial\theta}(\sin\theta \frac{\partial T}{\partial\theta}) = 0 \tag{6-12}$$

因而在纳米颗粒内部,有:

$$T_P = Ar\cos\theta \tag{6-13}$$

在纳米颗粒外部,即纳米流体区域,则有:

$$T_L = \nabla T r\cos\theta + \frac{B}{r^2}\cos\theta \tag{6-14}$$

满足边界条件,有:

$$T_P|_{r=0} = \text{const} \tag{6-15}$$

$$T_P|_{r=a} = T_L|_{r=a} \tag{6-16}$$

$$T_L|_{r=a} = T_F|_{r=a} \tag{6-17}$$

因而,在 $r=a$ 处,有:

$$-K_P \frac{dT_P}{dr}|_{r=a} = -K_L \frac{dT_L}{dr}|_{r=a} \tag{6-18}$$

$$-K_L \frac{dT_L}{dr}\Big|_{r=a+h} = -K_F \frac{dT_F}{dr}\Big|_{r=a+h} \tag{6-19}$$

方程(6-12)的通解由方程组(6-20)给出。

$$\begin{cases} T_P = Ar\cos\theta \\ T_L = Tr\cos\theta + Br^{-2}\cos\theta \\ T_F = \nabla Tr\cos\theta \end{cases} \tag{6-20}$$

式中　∇T——纳米流体温度场的温度梯度。

将式(6-16)和式(6-17)给出的边界条件代入方程组,可得:

$$A = \frac{3K_L}{K_P + 2K_L}\nabla T \tag{6-21}$$

$$B = a^3 \frac{K_L - K_P}{K_P + 2K_L}\nabla T \tag{6-22}$$

引入有效热导率的概念,即包含有纳米粒子,界面层以及基液的纳米流体的热导率,在这里用符号 k_{eff}来表示,则有:

$$\langle q_z \rangle = -K_{eff}\langle \nabla T_z \rangle \tag{6-23}$$

式中　$\langle q_z \rangle$——空间平均热通量;

$\langle \nabla T_z \rangle$——$z$ 轴方向上的温度梯度;

$\langle q_z \rangle$和$\langle \nabla T_z \rangle$可分别用式(6-24)和式(6-25)来表示,即:

$$\langle q_z \rangle = \frac{1}{V}\int_v q_z \mathrm{d}v \tag{6-24}$$

$$\langle \nabla T_z \rangle = \frac{1}{V}\int_v (\nabla T_z)\mathrm{d}v \tag{6-25}$$

将式(6-24)和式(6-25)代入式(6-23),有:

$$K_{eff} = -\frac{\int_v q_z \mathrm{d}v}{\int_v (\nabla T_z)\mathrm{d}v} = \frac{\sum_{i=1}^{3} V_i q_{i,z}}{\sum_{i=1}^{3} V_i (\nabla T_{i,z})} \tag{6-26}$$

而实际上,$q_{i,z}$和 V_i满足 $q_{i,z} = -K_i \frac{dT_i}{dz}$,$V_i = V\varphi_i$,$(i=P,L,F)$,代入式(6-26),有:

$$K_{eff} = -\frac{\left[\varphi_P K_P \frac{dT_P}{dz} + \varphi_L K_L \frac{dT_L}{dz} + \varphi_F K_F \frac{dT_F}{dz}\right]}{\left[\varphi_P \frac{dT_P}{dz} + \varphi_L \frac{dT_L}{dz} + \varphi_F \frac{dT_F}{dz}\right]} \tag{6-27}$$

其中，$\frac{dT_P}{dz}$、$\frac{dT_L}{dz}$和$\frac{dT_F}{dz}$分别为纳米颗粒，界面层以及基液在 z 轴方向上的温度梯度，通过将常数 A、B 代入方程组式(6-20)获得，即：

$$\frac{dT_P}{dz}=\frac{3K_L}{K_P+2K_L}T_\infty \tag{6-28}$$

$$\frac{dT_L}{dz}=[1+\frac{1}{(1+\gamma/2)^3}\frac{K_L-K_P}{K_P+2K_L}]T_\infty \tag{6-29}$$

$$\frac{dT_F}{dz}=T_\infty \tag{6-30}$$

其中，r 为界面层厚度与纳米粒径的比值。联立式(6-27)、式(6-28)、式(6-29)和式(6-30)，可得考虑界面层的纳米流体热导率，即：

$$K_{eff}=-\frac{(K_P-K_L)\varphi_L[2(1+\frac{r}{2})^3-(1+r)^3+1]+(K_P+2K_L)(1+\frac{r}{2})^3[\varphi_L(1+r)^3(K_L-K_F)+K_F]}{(1+\frac{r}{2})^3(K_P+2K_L)-(K_P-K_L)\varphi_L[(1+\frac{r}{2})^3+(1+\frac{r}{2})^3-1]} \tag{6-31}$$

式(6-31)即为考虑了界面层效应的纳米流体热导率，如果界面层厚度为零，此时 $K_L=K_F$，$r=0$，界面层热导率模型简化为 Maxwell 模型。

6.2.2 界面层热导率分布的影响

界面层对纳米流体热导率的影响，不仅仅取决于其自身的热导率，界面层的热导率分布及界面层的厚度也有着十分明显的作用。一般来讲，界面层的热导率由内到外是逐渐递减的。即靠近纳米粒子的部分热导率较高；靠近基础液的界面层热导率则较低。Xie[290]、Nsofor[291] 和 Tillman[292] 等分别提出了三种不同的界面层热导率分布模型，如图 6-6 所示。

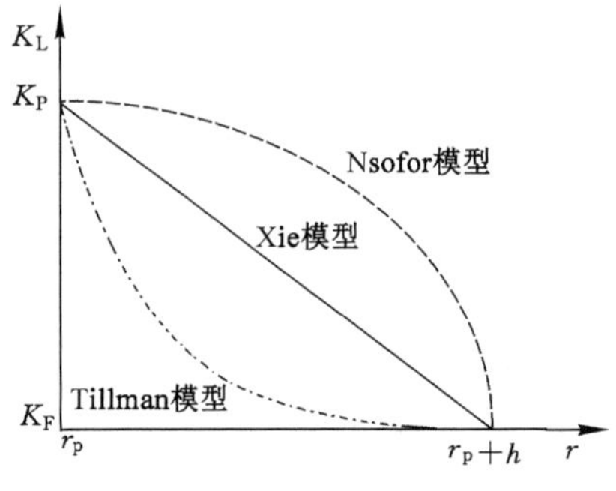

图 6-6　三种不同的边界层热导率模型

Xie 等假设界面层热导率沿纳米粒子径向服从线性变化规律；Tillman 等利用完全的边界条件和热传导方程来确定界面层的热导率；而 Nsofor 等则认为纳米粒子附近界面层的热导率要明显高于基础液附近的界面层，并假设界面层的热导率由内到外的变化符合对数形式，即：

$$K(r)=K_{\mathrm{F}}+\frac{K_{\mathrm{P}}-K_{\mathrm{F}}}{h}\sqrt{h^{2}-(r-r_{\mathrm{P}})^{2}} \tag{6-32}$$

对比不同界面层热导率变化形式对纳米流体热导率的影响，分别采用图 6-6 所示的三种界面层热导率模型，并代入式(6-31)计算得到了 TiO_2 纳米流体热导率与纳米粒子浓度的变化关系(初始条件：纳米粒径 20 nm，界面层厚度 1 nm)，并与实验测得的数据进行比较，结果如图 6-7 所示。

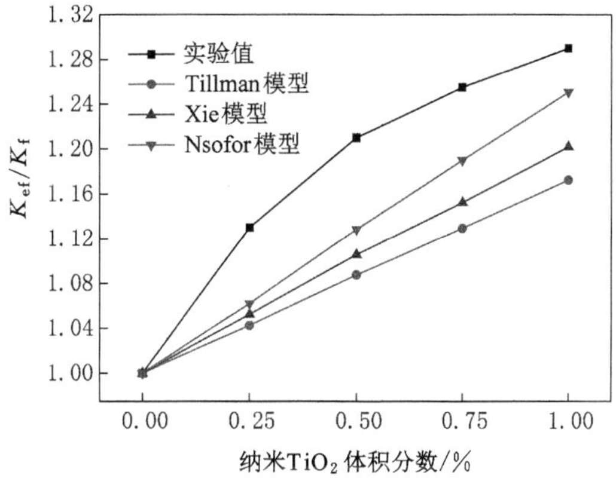

图 6-7　界面层热导率对纳米流体热导率的影响

由图 6-7 可以看出，当纳米粒子的界面层厚度是 1 nm 时，对于相同的 TiO_2 粒子浓度，Nsofor 和 Xie 界面层模型计算结果比较接近，而 Tillman 界面层模型得到的计算结果最小，且随着 TiO_2 粒子浓度的增加，该模型与其他两种模型的差值逐渐增大。因此，不同界面层热导率的变化，对纳米流体热导率的影响也不尽相同。在纳米粒子浓度较大时，需要考虑界面层热导率变化的影响。

然而，界面层热导率的变化，只是影响纳米流体热导率的一个因素，不能因为 Xie 和 Nsofor 界面层模型计算结果更接近实验值，就认为这两种模型更适合 TiO_2 纳米粒子的界面层特性，而是需要结合纳米粒子的界面层的厚度以及布朗运动的特点，选择更合理的界面层模型。

6.2.3 界面层厚度的影响

在上一小节提到过，作为界面层的另外一个参数，界面层的厚度也会对纳米流体热导率产生非常显著的影响。然而，由于界面层的复杂性和特殊性，其厚度很难通过仪器或实验手段获得。大部分研究人员都是通过假设给定界面层的厚度，如 1～3 nm。此外，Wang 等[293]认为纳米粒子浓度较低时，基础液分子在纳米粒子表面的吸附可以认为是单分子吸附，因而可以通过 Langmuir 吸附方程计算得到界面层的厚度，即：

$$h=\frac{1}{\sqrt{3}}\left(\frac{4M_f}{\rho_f N_A}\right)^{\frac{1}{3}} \tag{6-33}$$

式中 ρ_f——基液的密度；

M_f——基础液的液体分子量；

N_A——Avogadro 常数。

Hashimoto 等[294]建立了球形微域内界面层的厚度公式。在此基础上，Murshed 等[295]通过进一步的计算得到了纳米流体中纳米粒子界面层的厚度，即：

$$h=\sqrt{2\pi}\sigma \tag{6-34}$$

其中，σ 的取值为 0.3～0.6 nm。

尽管纳米流体的界面层厚度难以通过仪器或实验测得，但却容易知道其处于一个较小的范围，约有几个分子层的厚度。因而本书假定 TiO_2纳米粒子的界面层厚度分布为 0.5～3 nm，用于评估界面层厚度对纳米流体的影响。在此仍然以式(6-31)所给出的界面层热导率模型为基础，并采用 Xie、Nsofor 和 Tillman 等三种不同的界面层热导率分布模型，计算得到了 TiO_2纳米粒子浓度为 1.0%时不同粒径下 TiO_2纳米流体的热导率随界面层厚度的变化关系，其结果如图 6-8 所示。

显然，三种模型的界面层厚度对 TiO_2纳米流体热导率的影响依赖于纳米粒子的粒径。粒径较小时，三种模型的界面层厚度对 TiO_2纳米流体热导率均有着十分显著的影响，界面层厚度越大，TiO_2纳米流体的热导率就越高，并且 Nsofor 模型中界面层厚度的影响尤为明显，界面层厚度达到 3 nm 时，其纳米流体热导率理论值已经接近实验值 1.29；当纳米 TiO_2粒径提高到 50 nm 时，如图 6-8(b)所示，对于三种界面层模型来讲，界面层厚度的影响均下降；当纳米 TiO_2粒径达到 200 nm 时，如图 6-8(c)所示，界面层厚度对纳米流体的热导率的影响已经忽略不计。

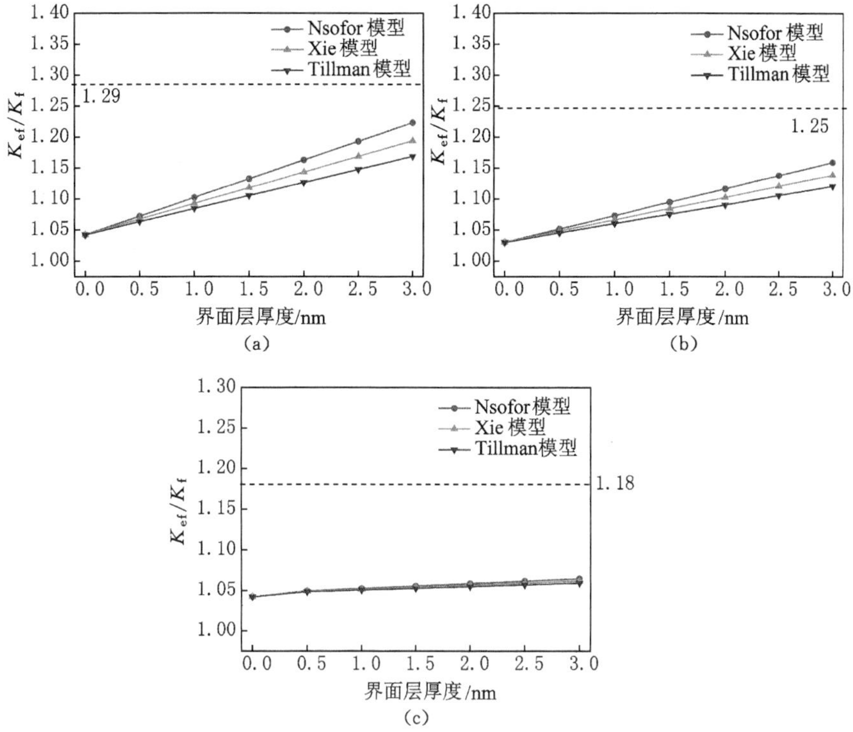

图 6-8　界面层厚度对纳米流体热导率的影响

(a) $d=20$ nm;(b)$d=50$ nm;(c) $d=200$ nm

6.3　基于布朗运动的热导率强化效应

界面层模型是基于纳米流体中的纳米粒子相距较远,之间无相互作用的观点建立的。然而,实际上,受布朗力和范德华力的综合作用,液体中的固体粒子会不停地进行着无规则的运动,这种运动称为布朗运动。固体粒子的粒径越小,布朗运动越剧烈。布朗运动使得基础液与纳米粒子之间产生“微对流”。“微对流”现象的存在,增强了基础液与纳米粒子之间的能量传递过程,因而提高了热导率。

6.3.1　布朗运动强化热导率模型的建立

考虑到布朗运动,纳米粒子的有效半径增加。当纳米粒子速度为零,即不存在布朗运动时，纳米粒子的有效直径等同于其本身的直径；而当纳米粒子速度无限大时，其有效半径由式(6-35)给出。

$$R_e = R + R_B \tag{6-35}$$

其中，R_e 是纳米粒子的有效直径，R_B 是由布朗运动引起的纳米粒子有效直径增加量。如图 6-9 所示，其值可表示为纳米粒子速度与最短有效时间的乘积。即：

$$R_B = \overline{v}_B \tau \tag{6-36}$$

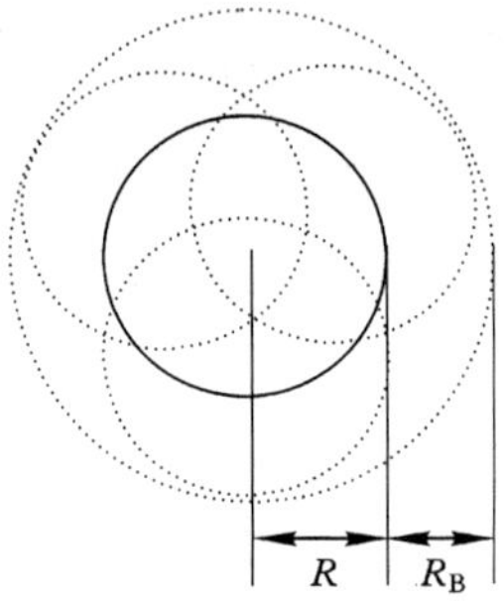

图 6-9　伴有布朗运动的粒子有效半径示意图

最短有效时间即粒子做布朗运动的弛豫时间，弛豫时间可表示为：

$$\tau = \frac{\overline{v}_B}{a} \tag{6-37}$$

a 为纳米粒子的平均加速度，根据 Langevin 方程，有：

$$a = \frac{F}{m} = \frac{6\pi\mu R\ \overline{v}_B}{m} = \frac{6\pi\mu R\ \overline{v}_B}{\frac{4}{3}\pi R^3 \rho} = \frac{9\mu\ \overline{v}_B}{2R^2 \rho} \tag{6-38}$$

因而纳米粒子的弛豫时间为：

$$\tau = \frac{\overline{v}_B}{a} = \frac{2R^2 \rho}{9\mu} \tag{6-39}$$

对于速度自相关函数，有：

$$\langle v_B(t) v_B(0) \rangle = \frac{3K_B T}{m} e^{\frac{-t}{\tau}} \tag{6-40}$$

粒子做布朗运动速率的大小取决于纳米流体的温度以及纳米粒子的质量，当 $\frac{t}{\tau} = 12$ 时，有：

$$\sqrt{\langle v_B(t)v_B(0)\rangle} = 2.48\times10^{-3}\sqrt{\langle v_B(0)v_B(0)\rangle}$$

$$\tau = 12\tau_P = \frac{8R^2\rho}{3\mu} \tag{6-41}$$

一般来讲，由布朗运动引起的纳米粒子等效半径的增加量，要低于纳米粒子自身的半径，因此可以用纳米粒子半径的一阶导数表示，有：

$$R_B = O(10^{-1})R \tag{6-42}$$

假设做布朗运动引起的纳米粒子瞬时速率为 v_B，对有效半径的增加量应满足负指数变化关系，即：

$$R_e = R + R_B[1 - e^{-f(v_B)}] \tag{6-43}$$

其中：

$$f(v_B) = \frac{v_B}{\overline{v}_B} \tag{6-44}$$

$\overline{v}_B$ 是纳米粒子作布朗运动的均方根速率，可表示为：

$$\overline{v}_B = \sqrt{\frac{3k_BT}{m}} \tag{6-45}$$

而纳米粒子所占的有效体积则为：

$$\varphi_B = \varphi\frac{R_e^3}{R^3} \tag{6-46}$$

代入 Maxwell 方程即可得到考虑布朗运动的纳米流体热导率公式：

$$K_e = \frac{(\beta+1)K_F + \beta K_P + 2\beta\varphi_e(K_P - K_F)}{(\beta+1)K_F + \beta K_P - \beta\varphi_e(K_P - K_F)}K_F \tag{6-47}$$

6.3.2　模型准确性验证

本小节中，我们分别研究了 TiO_2 体积分数为 0.5%和 1.0%的两种纳米流体，分别在 20～40 ℃时的有效热导率。正如本书所预料，随着温度的升高，两种纳米流体均表现出上升的趋势。图 6-10 给出了 TiO_2 纳米粒径为 200 nm、体积分数为 0.5%和 1.0%的两种纳米流体在不同温度下的热导率数据，并与预测值进行比较。可以发现，在不同的纳米粒子浓度和不同的温度下，模型预测的理论值基本上能够与实验值相吻合。对高浓度的 TiO_2 纳米流体热导率预测值稍有偏高，但表现出的趋势相同，足以说明纳米粒子在基液中的布朗运动能够随着温度的升高而变得剧烈，从而提高了纳米流体的导热系数。

进一步研究粒径分别为 20 nm、50 nm 和 200 nm 的 TiO_2 纳米流体在室温下的热导率，如图 6-11 所示。结果清晰地显示出纳米流体的热导率依赖于

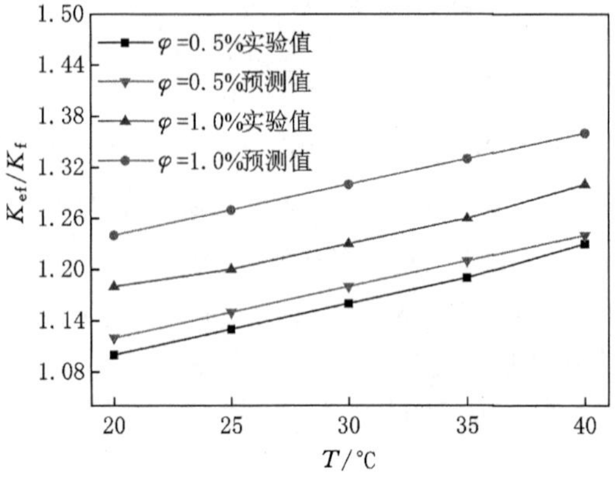

图 6-10　不同温度下热导率实验值与预测值比较

TiO_2的粒径大小。对于给定体积分数的纳米流体，其热导率随着 TiO_2粒径的减小而提高。比如，当 TiO_2体积分数为 0.5%时，纳米流体的导热系数从 200 nm 时的 1.11 倍提高到 20 nm 时的 1.21 倍。而对于给定的 TiO_2粒径，其热导率仍然是随着 TiO_2体积分数的增加而提高。比如，当 TiO_2粒径为 50 nm 时，纳米流体的热导率由体积分数为 0.5%时的 1.17 提高到体积分数为 1.0%时的 1.25。此外，由图 6-11 也可以看出，纳米粒子浓度较低时，热导率模型理论值与实验值吻合度较高，随着纳米粒子浓度的提高，实验值和理论值的偏差逐渐增大，主要是由于浓度较高时，粒子之间的平均间距减少，使得实际的有效半径 R_B变短，表现为真实的热导率下降。粒径越小的纳米粒子，热

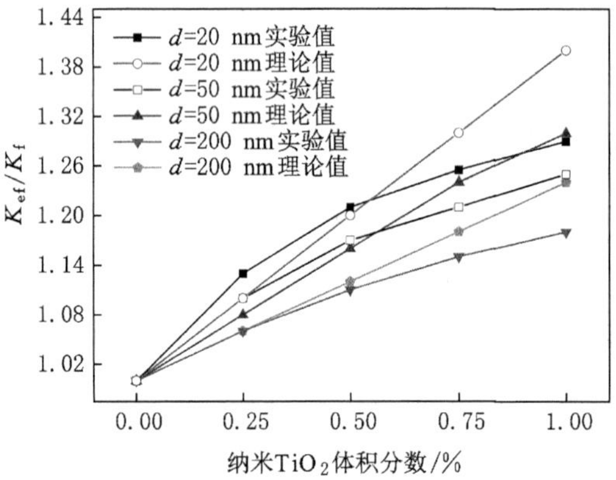

图 6-11　不同粒径的纳米流体热导率

导率理论值和实验值的偏差就越大。

可以看出：

(1) 根据对不同条件下 TiO_2纳米流体的热导率研究，发现其热导率的增加依赖于温度、TiO_2纳米浓度和粒径。TiO_2纳米粒子的添加改变了基液的构形；温度的增加促进了纳米流体中粒子的布朗运动；纳米粒子粒径的减小相对提高了纳米粒子与基液的接触面积。因而均有利于提高纳米流体的热导率。

(2) 结合 TiO_2纳米粒子的特点，考虑了纳米流体的界面层效应，在传统热导率模型的基础上，提出了新的热导率模型。新的模型受到界面层本身的热导率以及厚度的影响。当界面层厚度为零时，模型简化为经典的 Maxwell 模型。

(3) 将纳米粒子在基液中做布朗运动的振动范围视为粒子的有效直径，即做布朗运动的纳米粒子相当于有效体积的增大，因而提高了纳米流体的热导率；推导出了基于布朗运动的热导率公式。

第7章 摩擦与轧制润滑性能研究

TiO_2纳米在水性介质中的稳定分散，为水基纳米流体发挥其优良的抗磨减摩性能提供了前提条件。而评价一种润滑剂的优劣，需要通过其理化性能、冷却特性以及摩擦学性能来实现。在前面几章，本书已相继研究了TiO_2纳米流体的润湿性、黏度、流变性能以及热导率，并且发现TiO_2纳米流体有着较好的冷却性能及其理化性能，如黏度、润湿性等受分散剂的影响较大。然而作为一种润滑剂，尤其是轧制润滑剂，最重要的特性仍然是其本身的摩擦学以及轧制润滑性能。如纳米流体的极压性能、摩擦磨损性能和这些性能对轧制压下量、最小可轧厚度、轧后形貌以及氧化铁皮等因素的影响。为此，本章通过四球摩擦磨损实验，对不同分散剂以及TiO_2纳米粒子浓度的极压性能和抗磨减摩特征进行了研究；使用万能摩擦磨损试验机，考查了TiO_2纳米流体在面接触条件下的摩擦学特征，包括不同载荷及转速的抗磨减摩性能等；并通过$\phi 320\times 200$ mm二辊轧机在实验室条件下对纳米流体的轧制润滑性能进行了系统分析。

7.1 实验条件

7.1.1 四球摩擦磨损实验

四球摩擦磨损实验按照GB/T 12583—1998在转速(1 760±40) r/min、室温20 ℃、时间10 s的条件下测试不同分散剂及不同纳米粒子浓度TiO_2纳米流体的最大无卡咬负荷(P_B值)，实验所用钢球均为GCr15标准钢球。最大无卡咬负荷P_B值即是在一定温度、转速下，钢球在润滑状态下不发生卡咬的最大负荷，它是衡量轧制液润滑性能的一个重要指标。

另外按照四球法在室温(20 ℃)下以载荷(200±5) N、转速(1 200±5) r/min的实验条件对TiO_2纳米流体进行了长磨实验，测试时间为30 min。比较其摩擦因数μ、磨斑直径WSD以及磨斑形貌。磨斑形貌通过扫描电子显微镜进行观察。

图 7-1 为四球试验机摩擦副及磨斑形状示意图。摩擦试验机上的四个钢球呈正四面体结构，运动的上试球按照特定的转速旋转，静止的三个底球分别与上球相切于一点，形成“点-点”式接触，载荷通过试验机由上而下对钢球施加。实验时，储存油盒中的润滑剂浸没所有钢球的接触点以保证足量的润滑。

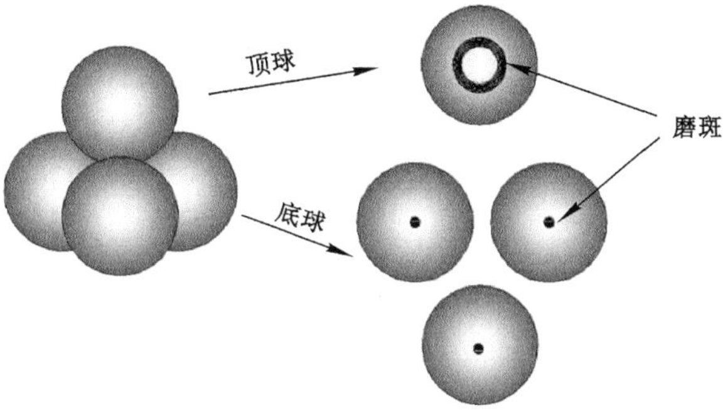

图 7-1　四球对磨方式及磨损形貌示意图

7.1.2　销盘摩擦磨损实验

销盘摩擦磨损实验在 MM-W1A 型立式万能摩擦磨损试验机上进行，采用自制销盘摩擦副磨损形式，对不同润滑介质在面接触条件下的摩擦学性能，如摩擦因数、磨损后表面质量等进行研究。实验时，上试样以一定转速旋转，下试样固定，下试样浸没在润滑介质中，由载台连接的主轴施加试验力，通过传感器将实验数据实时记录。实验条件为主轴转速(300±2) r/min，试验力 100～800 N，摩擦副如图 7-2 所示，材料为 45# 钢，实验前均使用 1 500 目砂纸对磨损表面进行打磨，保证不同润滑条件下初始表面相近，图 7-3 为自制销盘摩擦副对磨方式示意图。

图 7-2　摩擦副试样实物图

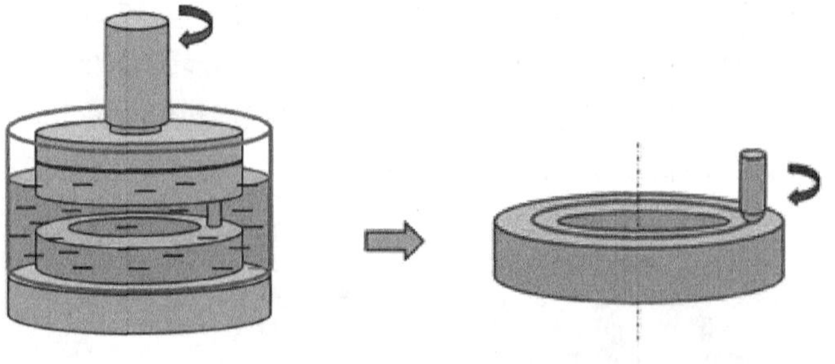

图 7-3 摩擦副对磨方式示意图

摩擦因数根据传感器检测的摩擦力矩和施加的试验力获得，即：

$$\mu = \frac{M}{RN} \tag{7-1}$$

式中 M——摩擦力矩，N · mm；

R——摩擦半径，mm；

N——施加在环试样上的轴向力，N。

7.2 四球摩擦实验

7.2.1 抗磨减摩特性分析

由于纳米流体通常包含分散剂和纳米粒子两个要素，而对于作为润滑剂的纳米流体，往往还添加有部分极压剂、抗磨剂等。为尽量减少其他因素的影响，并且使纳米流体更吻合润滑剂的特征，因此，若无特殊说明，在本章制备的每种纳米流体均额外加入了 0.5%的水性硼酸酯作为极压剂。

为考查分散剂的类型、浓度以及 TiO_2的浓度对纳米流体摩擦学性能的影响，本书仍然选择与测试黏度时配制纳米流体相同的方案，即分别以聚丙烯酸钠(PAAS)、六偏磷酸钠(SHMP)和油酸(OA)为分散剂，制备三种不同类型的纳米流体，同时每种类型的纳米流体分为两组，每组纳米流体的分散剂含量分别为 0.5%和 1.0%。纳米粒子浓度分别为 0%、0.25%、0.5%、0.75%和 1.0%，使用四球摩擦磨损试验机首先对三种纳米流体的 P_B值进行测试，实验结果如图 7-4 所示。

对于分别添加 0.5%和 1.0%聚丙烯酸钠(PAAS)的两组基础液，如图 7-4(a)所示，可以看出，它们的 P_B值分别为 216 N 和 235 N。随着纳米粒子的添加，两组纳米流体的 P_B值均呈现上升的趋势。不同的是，随着 TiO_2纳米浓度的

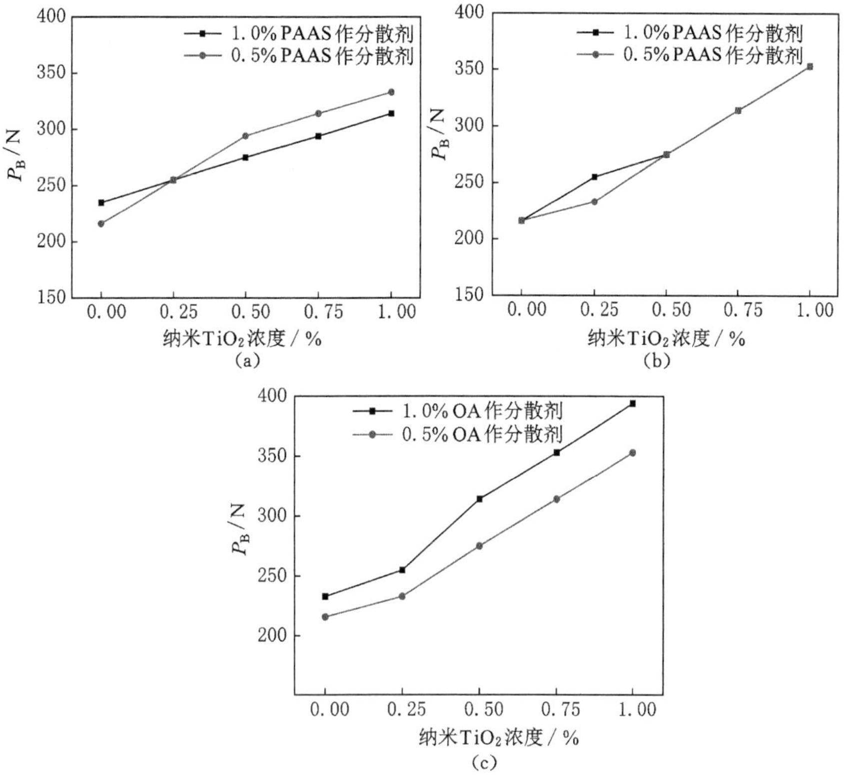

图 7-4　不同分散条件下纳米流体 P_B值随纳米粒子浓度的变化关系

(a) PAAS 作分散剂；(b) SHMP 作分散剂；(c) OA 作分散剂

增加，聚丙烯酸钠(PAAS)含量为 0.5% 的纳米流体的 P_B值提高地更加迅速。当 TiO_2纳米粒子的含量达到 1.0% 时，其 P_B值已经达到 333 N，超过了聚丙烯酸钠(PAAS)含量为 1.0% 的纳米流体(314 N)。

当使用六偏磷酸钠(SHMP)作分散剂时，由图 7-4(b)可以看出，纳米流体的 P_B值在很大程度上取决于 TiO_2的添加量，TiO_2浓度越大，所获得的 P_B值也越高，TiO_2浓度为 1.0% 时，P_B值达到 353 N。分散剂(SHMP)对纳米流体的 P_B值几乎没有影响。而当使用油酸(OA)作分散剂时，由图 7-4(c)可以看出，纳米流体的 P_B值同时受到 TiO_2以及分散剂(OA)含量的影响。TiO_2含量越大，纳米流体的 P_B值越高，TiO_2浓度相同时，分散剂(OA)含量高的纳米流体其 P_B值也略高。

由前文(第 5 章)可知，聚丙烯酸钠(PAAS)的加入极大地提升了基础液的黏度，降低了纳米流体的润湿性，使得纳米粒子在基础液中的流动性降低。因此，当摩擦副对磨时，没有足够的纳米粒子进入工作区，最终导致了 P_B 值增长缓慢；而六偏磷酸钠(SHMP)对纳米流体的润湿性和黏度的影响皆忽略不计，说明六偏磷酸钠(SHMP)的添加并没有影响到纳米流体的成膜能力以及在摩擦副表面的铺展，纳米流体的极压性能仅仅受到 TiO_2 纳米浓度的影响；油酸(OA)对纳米流体润湿性能影响较小，但由于极性基团的存在，易于在金属表面形成一层吸附膜，提高了流体的极压性能，因而表现为 P_B 值的增加。总体来讲，虽然 TiO_2 纳米流体的润湿性能和黏度受分散剂的影响较大，甚至高于纳米粒子的影响，但其极压性能却更依赖于纳米粒子的含量。这对系统研究 TiO_2 纳米流体的润滑性能是非常有利的。

为进一步研究 TiO_2 纳米流体的摩擦学特征，分别对三种纳米流体进行了长磨实验，实验条件如下：试验力 200 N；转速 1 200 r/min；时间 30 min；室温 20 ℃，并在显微镜下测量了长磨后的磨斑直径，结果分别如图 7-5 和图 7-6 所示。

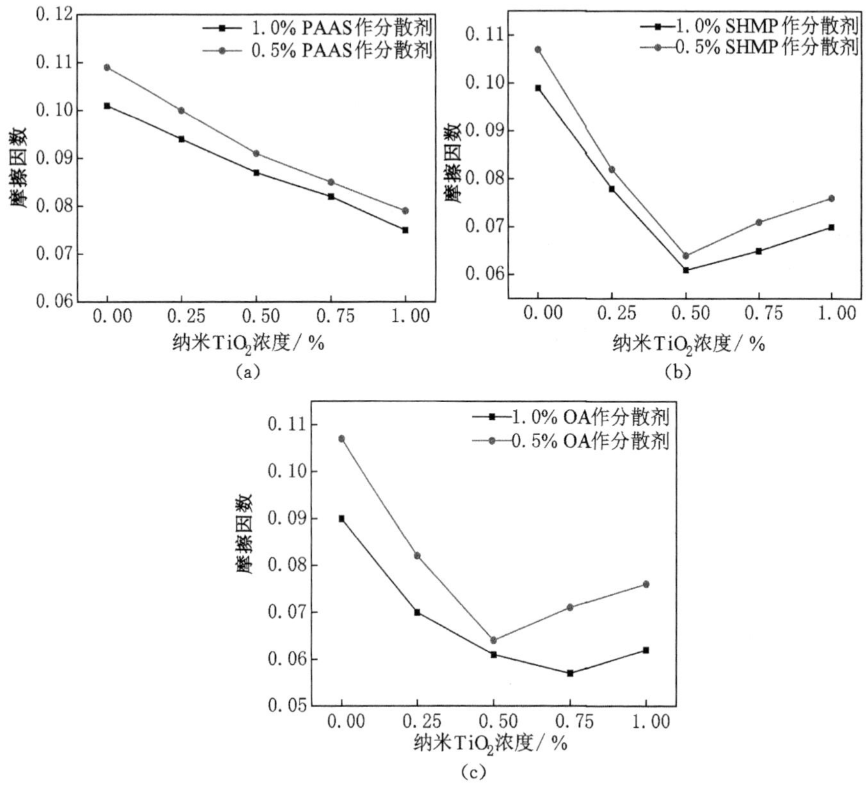

图 7-5 不同分散条件下摩擦因数随 TiO_2 纳米粒子浓度的变化关系

(a) PAAS 作分散剂；(b) SHMP 作分散剂；(c) OA 作分散剂

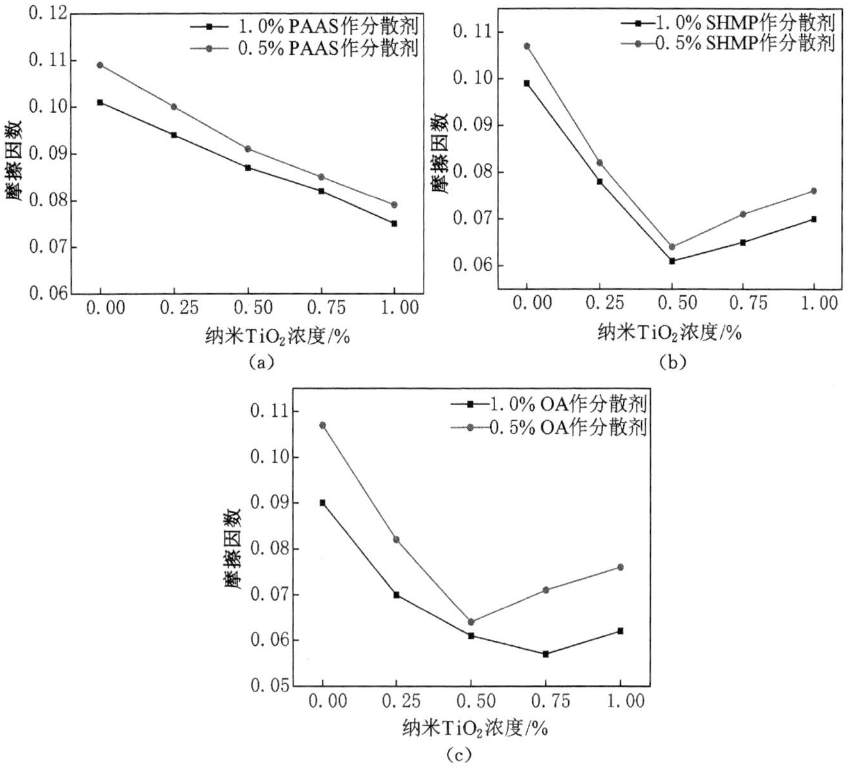

图 7-6 不同分散条件下磨斑直径随 TiO_2 纳米粒子浓度的变化关系

(a) PAAS 作分散剂；(b) SHMP 作分散剂；(c) OA 作分散剂

对使用聚丙烯酸钠(PAAS)作分散剂的两组纳米流体，由图 7-5(a)和图 7-6(a)可以看出，随着纳米粒子浓度的增加，磨斑直径和摩擦因数均呈现下降的趋势；使用六偏磷酸钠(SHMP)作分散剂时，由图 7-5(b)和图 7-6(b)可知，六偏磷酸钠(SHMP)的含量对纳米流体的摩擦因数以及磨斑直径影响较小，纳米流体的润滑性能在很大程度上取决于 TiO_2 的浓度，随着浓度的增加，摩擦因数首先经历一个下降的过程，当 TiO_2 浓度超过 0.5％时，磨斑直径和摩擦因数略有上升。造成这两种纳米流体润滑效果差异的主要原因在于：聚丙烯酸钠(PAAS)作分散剂时，TiO_2 纳米流体黏度较高，流动性差，不利于纳米粒子进入摩擦副表面，当 TiO_2 纳米浓度达到 1.0％时，摩擦副表面仍未有足够的纳米粒子起到润滑作用，因而表现为摩擦因数和磨斑直径在整个研究范围内单调递减；而对于使用六偏磷酸钠(SHMP)作分散剂的纳米流体，由于黏度较低，流动性好，当 TiO_2浓度超过 0.5%时，会有过量的纳米粒子沉积在摩擦副表面，发生了团聚，因而导致了磨斑直径和摩擦因数的增加。

当分散剂换作油酸（OA）时，根据图 7-5（c）和图 7-6（c）的实验结果可知，随着 TiO_2浓度的增加，磨斑直径和摩擦因数均呈现下降的趋势。但在持续加入纳米粒子达到 1.0%的过程中，又有缓慢上升的趋势。此外，磨斑直径和摩擦因数也受到了分散剂油酸（OA）浓度的影响，高油酸（OA）分散下的纳米流体具有更优异的润滑性能。这是因为油酸（OA）属于有机化合物，在水中的溶解度有限，由于羧基和碳碳双键的存在，更容易在金属表面聚集而形成一种润滑膜，从而起到额外的润滑作用。

7.2.2 磨斑形貌观察

通过对不同分散类型的纳米流体润滑性能的研究可知，TiO_2纳米粒子的加入能够起到抗磨减摩的效果，但纳米粒子在摩擦副中的作用形式与机理还有待于更进一步的阐明。由于六偏磷酸钠（SHMP）对纳米流体的摩擦学性能影响较小，因此选择以 0.5%六偏磷酸钠（SHMP）为分散剂的纳米流体，使用 SEM 对其长磨后的磨斑形貌进行观察，以探索 TiO_2纳米粒子的作用形式与机理。观察到的磨斑形貌如图 7-7 所示。

从图 7-7 可以看出，在不添加纳米粒子的情况下，如图 7-7（a）所示，钢球磨斑表面有密集且较深的划痕，此外，磨损表面也存在着很深的犁沟，表明钢球表面磨损严重，润滑效果较差。随着纳米粒子的添加，如图 7-7（b）和图 7-7（c）所示，钢球磨损表面变得平滑，犁沟也明显减少。而当纳米粒子含量高于 0.5%时，如图 7-7（d）和图 7-7（e）所示，表面划痕数量开始增多，并开始出现凹坑。通过对磨斑形貌的观察可以进行以下推测：纳米粒子含量较低时，纳米粒子在水基纳米流体中通过微滚珠、自修复等作用起到抗磨减摩的作用，而当纳米粒子含量较高时，由于其高表面活性使得纳米粒子团聚成较大粒径的粒子，对磨损表面产生划伤作用，从而加剧磨损。

7.2.3 最大无卡咬负荷

在轧制过程中，通过轧制液的使用，在轧辊和板带钢之间形成润滑油膜承受轧制压力，起到润滑作用，防止板带钢与轧辊发生黏连，保证板带钢表面质量。通过对轧制时最大的轧制单位压力与最大无卡咬负荷下钢球所承受的单位压力进行比较，可以衡量轧制液是否有足够大的油膜强度以满足润滑要求。

通过 P_B值以及四球实验后钢球的磨斑直径大小，可以计算在达到最大无卡咬负荷时钢球承受的单位应力，即轧制油可以承受的最大单位压力。

四球机摩擦模型如图 7-8（a）所示，从图中可以看到，四球机模型中四个球

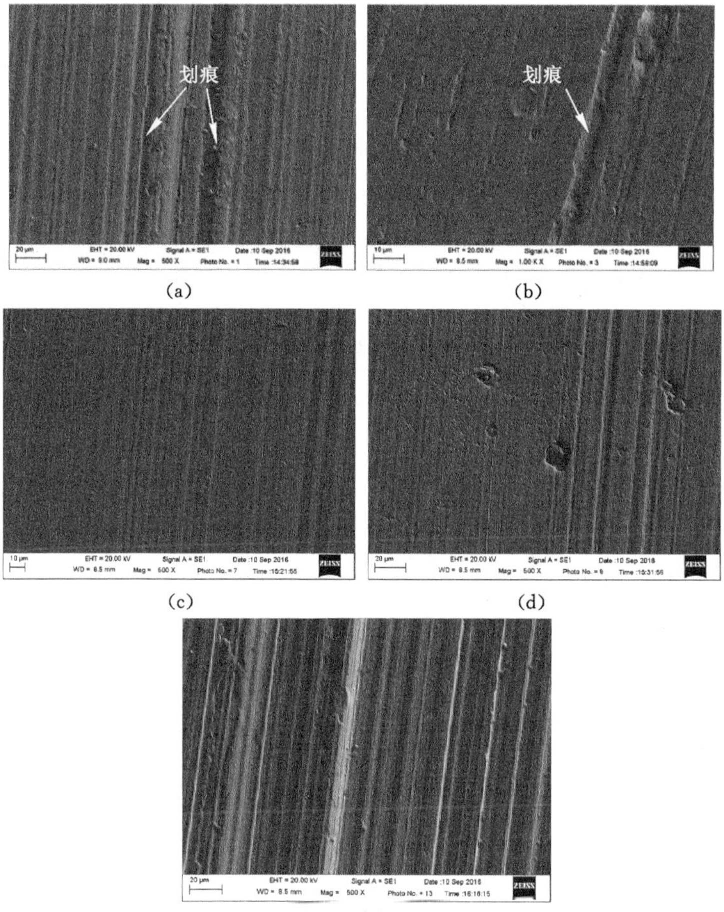

图 7-7　不同润滑条件下的钢球磨损表面形貌

(a) 基础液;(b) 0.25 % TiO_2;(c) 0.5 % TiO_2;(d) 0.75 % TiO_2;(e) 1.0% TiO_2

的球心呈四面体的四个顶点分布，简化模型如图 7-8(b)所示，机器施加的竖直向下的压力 F 作用于最上面的小球上，通过上面钢球与下面三个钢球的接触作用，压力 F 分解为分别沿球心线向下的三个作用力 F_1、F_2、F_3，而四球机研究的主要是 F_1、F_2、F_3 这三个力作用下小球之间的摩擦造成的磨损。

通过计算可以得到：

$$F_1 = F_2 = F_3 = \frac{\sqrt{6}}{6}F \tag{7-2}$$

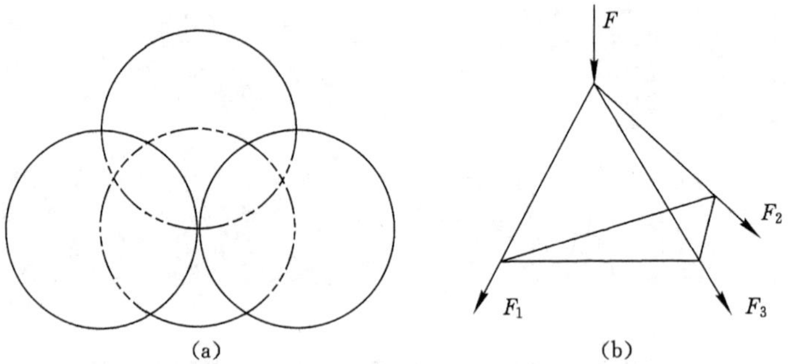

图 7-8 四球模型与受力分析图

(a) 四球模型;(b) 受力分析示意图

在之前的实验中,分散剂和 TiO_2 纳米浓度均为 1.0%的纳米流体极压性能最佳,在这种配比下,P_B值为 392 N,P_B也就是机器施加的试验力,即 F,那么可以得出:

$$F_1 = F_2 = F_3 = \frac{\sqrt{6}}{6}F = 392 \times \frac{\sqrt{6}}{6} = 160\ (\mathrm{N})$$

P_B 为 392 N 时,允许的最大磨斑直径为 0.38 mm,每个磨斑的面积则为:

$$S_{磨斑} = \pi R^2 = 3.14 \times 0.19^2 \times 10^{-6} = 113.41 \times 10^{-9}(\mathrm{m^2})$$

两个球之间的单位压力为:

$$P = F/S = \frac{F}{\pi R^2} = \frac{160}{113.41} \times 10^9 = 1.41 \times 10^3(\mathrm{MPa})$$

当金属在轧辊间变形时,在变形区内,沿轧辊与轧件接触面产生接触应力,通常将轧辊表面法向应力称为轧制单位压力,将切应力称为单位摩擦力。

根据理论计算以及实验结果,在接触弧上单位压力的分布是不均匀的,由轧件入口向中性面逐渐增加,并在中性面达到最大,然后降低,至出口降至最低。

根据 Sims[296]轧制压力公式,可以积分求解得到后滑区和前滑区轧制单位压力公式,可以得知,在中性面上二者相等。联立二式,可以求出中性角的大小,然后代入公式中即可得到中性面上的轧制单位压力大小。

假设在轧机上热轧 Q235B 板带钢,轧制温度为 1 000 ℃,轧前轧件厚度为 H=93 mm,轧后厚度 h=64 mm,板宽 B=610 mm,轧制速度 v=2 m/s。

Sims 认为热轧时发生黏着,一些学者认为单位摩擦力 t 达到 $K/2$ 时发生黏着,故取热轧时 $t=\mu p=\frac{K}{2}$。

通过将作用在轧制变形区内弧形微分面上的水平力代入 Orowan 方程[297]求解，对后滑区得出为：

$$\frac{p_1}{K}=\frac{\pi}{4}\ln\frac{h_\theta}{H}+\frac{\pi}{4}+\sqrt{\frac{R}{h}}\arctan\left(\sqrt{\frac{R}{h}}\alpha\right)-\sqrt{\frac{R}{h}}\arctan\left(\sqrt{\frac{R}{h}}\theta\right) \tag{7-3}$$

对前滑区轧制单位压力为：

$$\frac{p_2}{K}=\frac{\pi}{4}\ln\frac{h_\theta}{h}+\frac{\pi}{4}+\sqrt{\frac{R}{h}}\arctan\left(\sqrt{\frac{R}{h}}\theta\right) \tag{7-4}$$

当 $\theta=r$ 时，$p_1=p_2$，即：

$$\frac{\pi}{4}\ln\frac{h}{H}=2\sqrt{\frac{R}{h}}\arctan\left(\sqrt{\frac{R}{h}}\gamma\right)-\sqrt{\frac{R}{h}}\arctan\left(\sqrt{\frac{R}{h}}\alpha\right) \tag{7-5}$$

其中，$h=64$ mm，$H=93$ mm，$R=430$ mm，中性角 $\alpha\approx\sqrt{\Delta h/R}=0.26$，代入式(7-5)，计算可得 $\gamma=0.094\ 5$，由：

$$\gamma=\sqrt{\frac{h_\gamma-h}{R}} \tag{7-6}$$

得到 $h_\gamma=\gamma^2R+h=68.04$ (mm)。

将 $\theta=r$、$h_\theta=h_\gamma$ 代入前滑区轧制单位压力公式中，可得在中性面上的轧制单位压力，即轧制最大单位压力，其中 $K=1.15\times80=92$ (MPa)。

$$p_{\max}=\left[\frac{\pi}{4}\ln\frac{h_\theta}{h}+\frac{\pi}{4}+\sqrt{\frac{R}{h}}\arctan\left(\sqrt{\frac{R}{h}}\theta\right)\right]k=133.65\ (\text{MPa}) \tag{7-7}$$

由式(7-7)可知，纳米流体 P_B值满足轧制要求。

7.3 万能摩擦磨损实验

通过四球摩擦磨损实验，对使用不同分散剂的纳米流体的摩擦学性能进行了评价和分析。为了进一步探索 TiO_2 纳米流体的摩擦和磨损机理，本节选择三种分散条件下纳米流体的其中一组，通过 MM-W1A 型立式万能摩擦磨损试验机，考查了三种纳米流体在不同的试验力、转速等条件下的摩擦学行为。

7.3.1 载荷对纳米流体摩擦学性能的影响

载荷是通过接触面积的大小和弹塑性变形状态来影响摩擦力，真实的固体表面均具有一定的粗糙度，而摩擦总是发生在一部分接触峰点上。接触点数目和各接触点尺寸将随着载荷的增加而增加，最初是接触点尺寸增加，随后载荷增加主要引起接触点数目增加。经验表明:光滑表面在接触面上的应力约为材料硬度值的一半,而粗糙表面的接触应力可达到硬度的2～3倍而出现表面塑性变形。

当表面是弹性接触时,摩擦因数与载荷无关。但通常情况下,金属表面处于弹塑性接触状态,由于实际接触面积与载荷的非线性关系,使得摩擦因数随着载荷的增加而增加。

室温条件下分别考查了在转速为200 r/min时,三种纳米流体在不同载荷下的润滑性能,其中三种纳米流体分散剂分别为SHMP、PAAS和OA。分散剂和TiO_2浓度均为0.5%。得到法向载荷与稳定阶段平均摩擦因数的关系,测得的摩擦因数如图7-9所示。

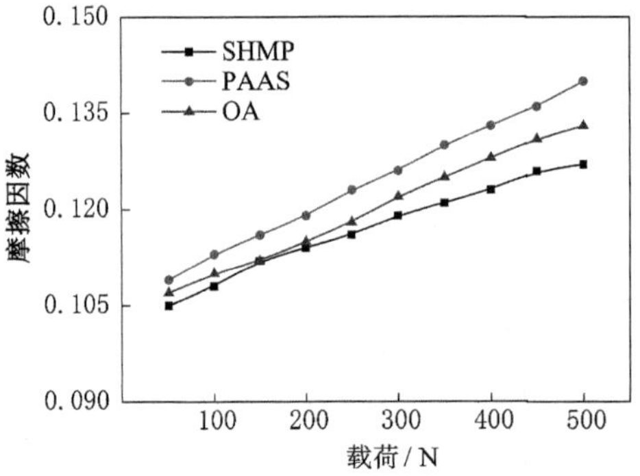

图7-9 纳米流体摩擦因数随载荷的变化曲线

一般情况下,摩擦因数与试验力无关,只是材料的一个特征属性。然而根据图7-9却发现,随着载荷的增加,三种纳米流体的摩擦因数均呈现增加的趋势。这是由于纳米粒子的表面能较高,随着载荷的增加,摩擦副的润滑膜变薄,导致纳米粒子间的接触更加频繁,因而更容易发生团聚,形成大粒径的微米级团聚物,使得摩擦因数变大。此外,在较大的载荷条件下,摩擦副表面的微凸体相互咬合,或在对方的表面发生犁削,从而使摩擦因数升高。进一步观察图7-9可以发现,使用以PAAS为分散剂的纳米流体作润滑剂时,得到的摩擦因数总是高于其他两种情况,这从另一个侧面验证了PAAS作分散剂不利于纳米粒子在流体中的流动性,导致进入摩擦副的粒子数量降低而使得摩擦因数升高。

为揭示摩擦因数在不同载荷下的变化机理,以SHMP分散为例,通过光学显微镜对钢环磨损形貌进行了分析,结果如图7-10所示。

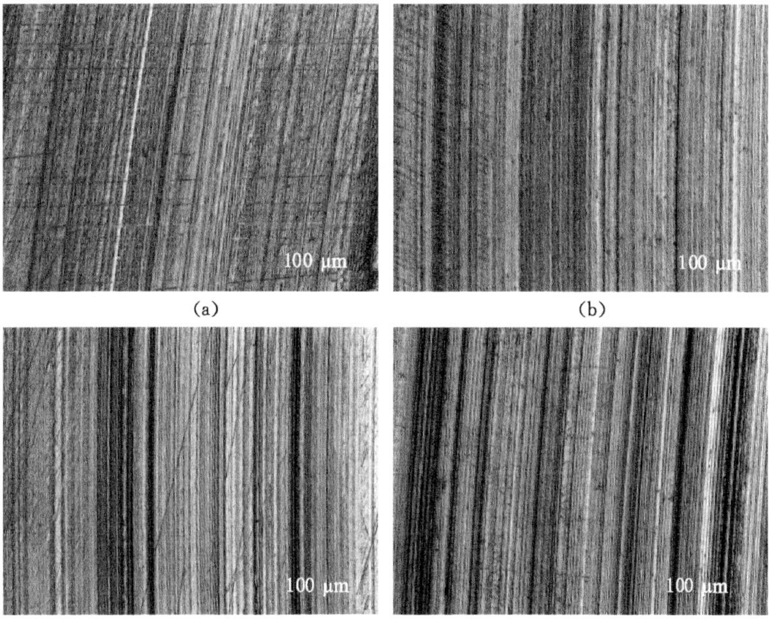

图 7-10　不同载荷下的磨斑形貌图

(a) 200 N；(b) 300 N；(c) 400 N；(d) 500 N

由图 7-10 可知，载荷较小时（200 N），润滑状态以流体润滑为主，即摩擦副表面被润滑膜完全隔开。磨损后的表面形貌较为光滑，只有少许轻微的犁沟存在，因此表现出的摩擦因数较小；随着载荷的增加，润滑膜逐渐变薄，摩擦副表面微凸体间直接接触概率变大，使磨损增加，犁沟深度同样增加，使得接触面的相对移动更加不易，宏观表现为摩擦因数的增加。

进一步通过三维显微镜对磨损表面形貌进行分析，图 7-11 为不同载荷下钢环磨损表面三维形貌图。图中不同颜色代表不同高度，从红色到紫色高度依次递减。由图可以看出，载荷为 200 N 时，磨损表面较平整，磨损高度约为 5 μm。载荷增加时，表面磨损加剧，该现象与二维形貌图相对应，同样说明了载荷对表面磨损的影响。

7.3.2　转速对纳米流体摩擦学性能的影响

室温下载荷固定为 400 N，分别研究不同转速条件下，三种分散方式下的纳米流体摩擦因数随转速的变化关系，实验结果如图 7-12 所示。由图可以看出，随着转速的增加，三种润滑条件下的摩擦因数均呈现下降的趋势，但下降

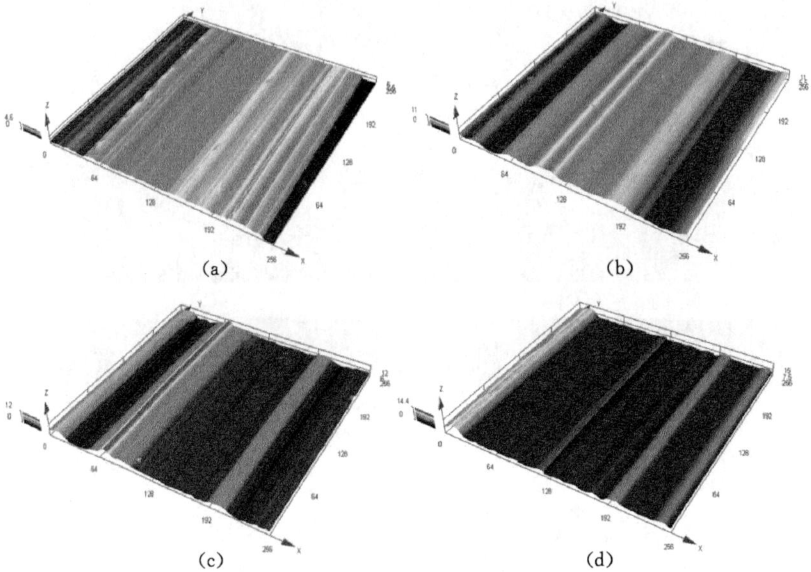

图 7-11　不同载荷下的磨斑三维形貌图

(a) 200 N;(b) 300 N;(c) 400 N;(d) 500 N

的速度却有所不同,使用以 PAAS 为分散剂的纳米流体润滑时,得到的摩擦因数随转速的下降速度变化更迅速。这是因为高转速条件下,纳米流体在高剪切力作用下,开始向牛顿流体转变,动态黏度有所下降,纳米粒子能够更容易地进入摩擦副,使得摩擦因数迅速降低。

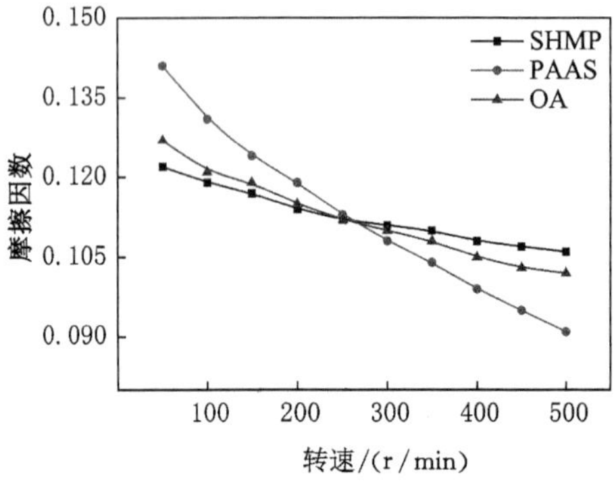

图 7-12　纳米流体摩擦因数随转速的变化曲线

为进一步明确不同转速对钢环表面摩擦磨损行为的影响，同样以 SHMP 分散为例，通过光学显微镜对钢环磨损形貌进行分析，结果如图 7-13 所示。由图可知，当转速为 100 r/min 时，得到的磨损表面有较深的划痕，发生了剧烈的擦伤及黏着磨损。当转速增加到 200 r/min 时，表面划痕变浅且数量明显减少，磨损表面变得相对平滑，显然是由于摩擦因数的减小所致；当转速进一步增加到 300 r/min 时，磨损表面相对于 200 r/min 的转速无明显变化，但转速增加到 400 r/min 时，表面划痕开始增多，划痕深度增加。结合对不同转速下的摩擦因数分析可知，虽然随着转速的提高摩擦因数单调减小，但随着转速的增加，单位时间内钢环的滑动行程增加，因此磨损量增加。

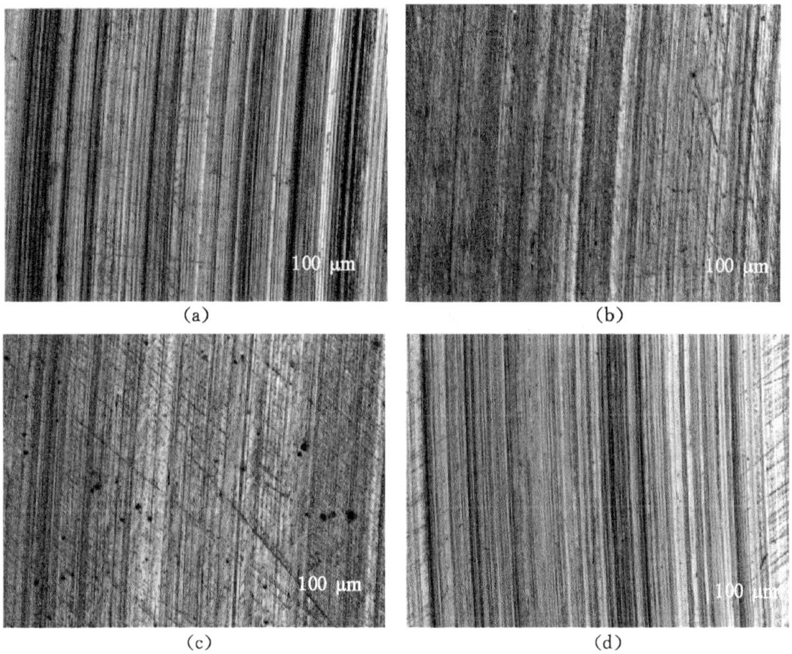

(a) (b) (c) (d)

图 7-13 不同转速下的磨斑形貌图

(a) 100 r/min；(b) 200 r/min；(c) 300 r/min；(d) 400 r/min

当滑动速度不会改变摩擦副表面的物理化学性质时，摩擦因数几乎与滑动速度无关。然而在通常情况下，滑动速度必然会引起材料表面发热、变形、磨损及一系列化学变化，从而显著影响摩擦因数。

一般情况下，相对滑动速度 v 越大，摩擦因数 μ 越小。1882 年，Frank 提出了摩擦因数与速度的经验公式：

$$\mu = \mu_0 + e^{-cv} \tag{7-8}$$

式中 c——常数；

μ_0——静摩擦因数。

但此经验公式显然不适合此时的润滑状态。由图 7-14 所示的 Stribeck 曲线可知，转速亦可引起油膜厚度的变化，速度越大，油膜越厚。在转速很慢时，摩擦副表面直接接触，这时两者之间没有形成润滑膜。摩擦因数较大。随着转速增加，逐渐转为边界润滑和混合润滑，最后转为流体润滑（由于流体动压作用，纳米流体在两金属表面间形成一种不连续的润滑膜）。

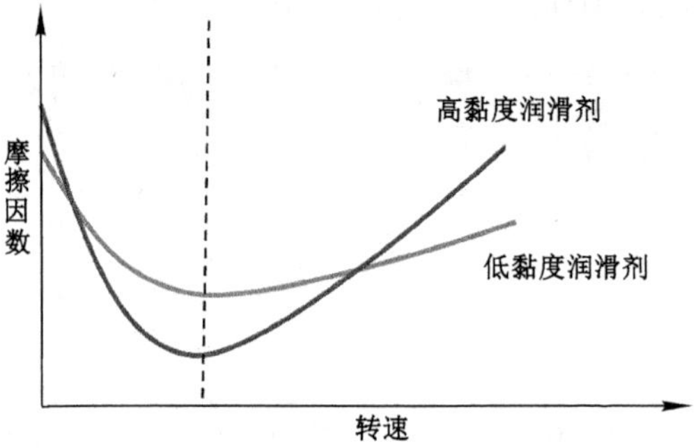

图 7-14　修正后的 Stribeck 曲线

进一步比较三种分散状态下的纳米流体润滑状态发现，聚丙烯酸钠(PAAS)作分散剂时，尽管初始摩擦因数较大，但随转速的变化较大。同样由 Stribeck 曲线可知，摩擦因数受润滑剂黏度的影响。对于高黏度的润滑剂，在边界润滑以及混合润滑阶段，滑动速度对摩擦因数的影响尤为显著。滑动速度越大，摩擦因数越小。而通过三种纳米流体的摩擦因数可知，皆处于边界润滑状态，因此，聚丙烯酸钠(PAAS)作分散剂时，纳米流体摩擦因数的变化更为迅速，在高于 300 r/min 的转速下，其摩擦因数已低于另外两种情况。

7.4　纳米 TiO_2润滑机理探究

通过四球摩擦磨损试验机以及万能摩擦磨损试验机进行的一系列摩擦学实验，明确了 TiO_2纳米粒子的加入可以使润滑剂具有更优异的润滑性能。然而，纳米粒子与磨损表面的相互作用形式以及抗磨减摩机理，仍有待于进一步的研究。很多文献将 TiO_2纳米流体具有优异的润滑性能归因于 TiO_2纳米粒子能够在润滑的过程中，在磨损表面沉积形成一层低剪切的润滑膜。因而本书首先使用 SEM 和 EDS，对以 0.5％六偏磷酸钠（SHMP）为散剂，TiO_2含量分别为 0％、0.5％以及以 1.0％聚丙烯酸钠（PAAS）为散剂，TiO_2含量为 0.5％的纳米流体作润滑剂时，钢球磨损后的表面形貌进行元素区域扫描分析，扫描结果如图 7-15 所示。

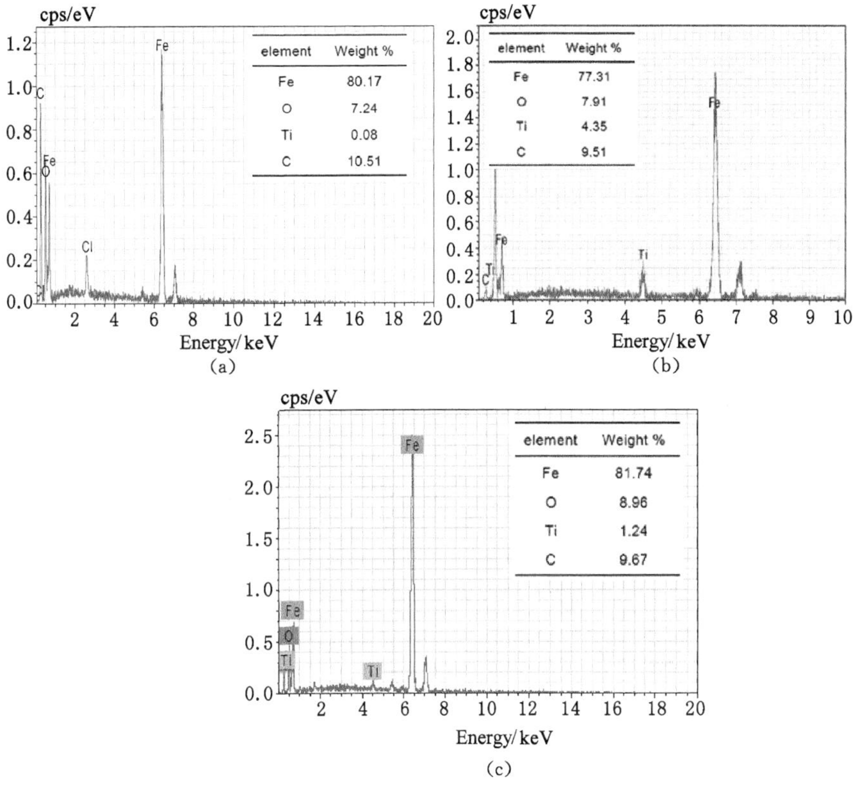

图 7-15　不同润滑条件下的磨损表面 EDS 能谱图

(a) SHMP＝0.5％，TiO_2＝0％；(b) SHMP＝0.5％，TiO_2＝0.5％；(c) PAAS＝1.0％，TiO_2＝0.5％

由图 7-15(a)和 7-15(b)可知，对于六偏磷酸钠（SHMP）含量为 0.5％，TiO_2含量分别为 0％和 0.5％的纳米流体，EDS 面扫描检测到磨损表面的 Ti 分布质量分数分别为 0.08％和 4.35％，结合两种流体的摩擦学行为可知，纳米粒子的沉积能有效地改善流体的润滑性能。而对于同样是 TiO_2含量为 0.5％的纳米流体，当使用 1.0％聚丙烯酸钠（PAAS）分散时，Ti 元素在磨损表面的沉积的质量分数仅为1.24%，远低于前者。进一步验证了当使用聚丙烯酸钠(PAAS)为分散剂时，由于纳米流体黏度的迅速增加，降低了纳米粒子在基础液中的流动性，因而没有足量的纳米粒子进入摩擦副表面导致了较差的润滑性能。

对固体表面的特征进行分析，由于固体间的原子、分子彼此间的相对运动比液体中的要难，所以产生了以下作用：：

第一，固体在表面原子总数保持不变的条件下，可以由于弹性形变而使表面积增加，也就是说，固体的表面自由能中包含了弹性能。表面张力在数值上已不再等于表面自由能。

第二，由于固体表面上的原子组成和排列的各向异性，固体的表面张力是各向异性的。不同晶面的表面自由能各不相同。不均匀表面的表面自由能甚至随表面上的不同区域而改变。图7-16画出一个粗糙表面的剖面图。在凸起处(A)和凹陷处(B)的表面自由能是不同的，处于凸起部位的分子A的“分子作用球”主要包括的是气相，相反处于凹陷处底部的分子B的“分子作用球”大部分在固相，显然A处的表面自由能与表面张力比B处要大。这也就意味着，微凸体的表面张力往往更大，因此也就更容易吸附纳米粒子。

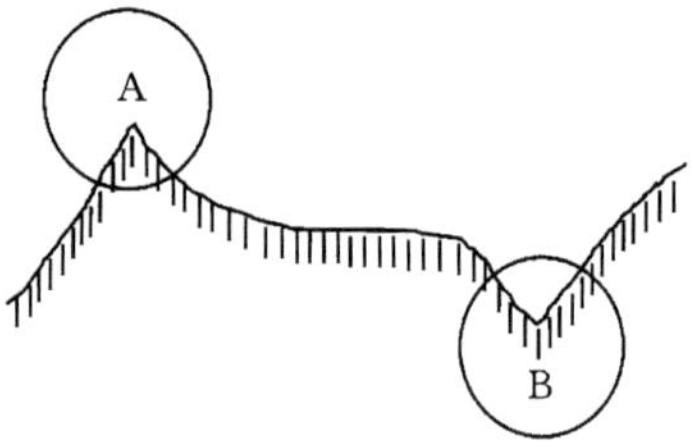

图7-16　固体粗糙表面的剖面图

根据Ti元素面扫描结果，可知纳米TiO_2在摩擦面上的沉积量大约只有4%，如此微量的分布完全不足以在摩擦副表面上形成一种致密的“润滑膜”。又由于纳米粒子更容易在微凸体上发生吸附，即沉积在微凸体表面。真实的摩擦副接触区可能由三部分构成：一是微凸体直接接触的区域；二是被纳米粒子沉积的微凸体区域；三是液相区，即被流体填充的区域。基于以上分析，纳米流体在接触区的润滑模型可以由图7-17给出。其中A区是纳米粒子发生沉积的微凸体，形成了低剪切力的“沉积膜”，B区是未发生沉积的微凸体，C区是被纳米流体填充的波谷。

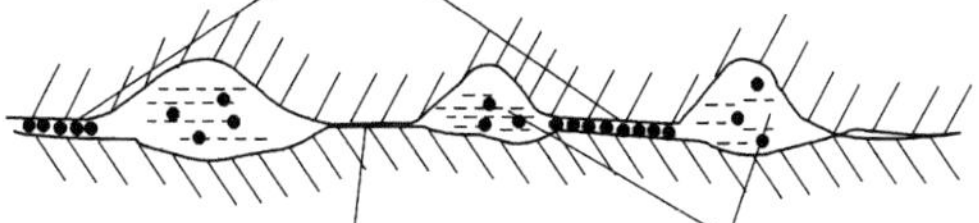

图 7-17　流-固协同润滑模型示意图

因此，总的摩擦力可以由式(7-9)表征：

$$T = \tau_d S_d + \tau_b S_b + \tau_l S_l \tag{7-9}$$

式中　T——总摩擦力，N；

S_d——微凸体直接接触区域面积，m^2；

S_b——纳米沉积微凸体面积，m^2；

S_l——液体流体润滑区的面积，m^2；

τ_d——微凸体直接接触区的剪切应力，N；

τ_b——纳米沉积膜的剪切应力，N；

τ_l——纳米流体区的剪切应力，N。

由于纳米膜的剪切应力 τ_b 要远低于微凸体直接接触区的剪切应力 τ_d，因此在宏观上纳米流体表现出更优异的摩擦性能。

7.5　TiO_2纳米流体热轧实验研究

在轧制液中添加纳米粒子，能够改善轧制液的摩擦学性能，如提高油膜强度、降低平均摩擦因数、改善磨损表面等。但是由于轧制液是应用在轧制过程中的，还需要明确其摩擦学与轧制性能之间的关系。为此，必须进一步研究纳米流体的轧制润滑性能，包括轧制力、最小可轧厚度以及轧后表面质量等特征。为纳米润滑在轧制润滑领域的应用提供重要参考。

7.5.1　热轧实验条件

为研究 TiO_2纳米流体的轧制润滑性能，首先以油酸(OA)作分散剂，通过本书第 4 章的制备工艺流程，制备 TiO_2纳米含量分别为 0.25%、0.5%、1.0% 的纳米流体。实验所用钢种为 Q235B，初始试样厚度为 30 mm，初始尺寸为 150 mm×200 mm×30 mm。所选用轧机型号为 ϕ320×200 mm 二辊轧机，本实验采用轧辊润滑，纳米流体喷射速度为 4.5 L/min。实验前首先对板带钢进行机械除鳞处理。热轧实验详细工艺参数见表 7-1。轧制工艺设计为 5 道次轧制，每道次辊缝依次调整为 23 mm、17 mm、11 mm、6 mm 和 5 mm。压下率依次为 15%、20%、25%、30%和 20%。为防止咬入困难、打滑以及保证终轧板带的板形，分别将初轧和终轧压下率设为 15%和 20%。

表 7-1　　热轧工艺参数

工艺参数	参数设置
试样原始厚度/mm	30
加热温度/℃	1 050
保温时间/h	2
轧制速度/(m/s)	1.0
开轧温度/℃	1 000
终轧温度/℃	>700

7.5.2　轧制力和终轧厚度

不使用润滑剂时，热轧摩擦因数一般在 0.3 左右，使用合适的润滑剂能把摩擦因数降低到 0.1。然而由于热轧环境恶劣，温度较高，因此在实验室条件很难准确获得热轧时的摩擦因数。而摩擦因数的减少能够直接降低轧制力，从而在不改变轧机配置基础上增加压下量，因此，通过对轧制力以及板带钢压下量的分析，能够定性地研究不同润滑条件下热轧摩擦因数的大小。图 7-18 所示的是不同润滑条件下每道次轧制力随轧制道次的变化关系。

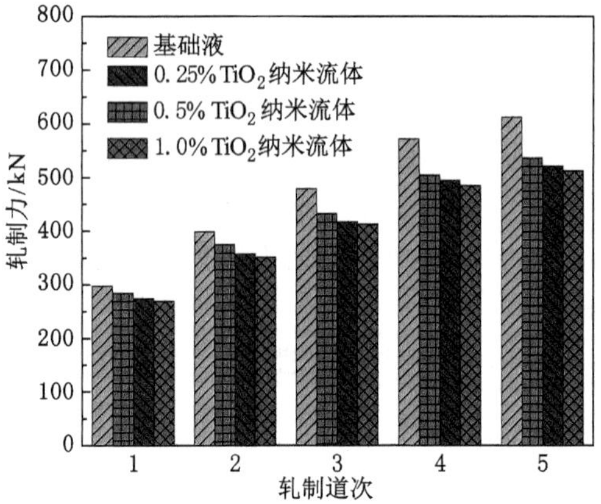

图 7-18　不同润滑条件下每道次轧制力

由图7-18可知，四种润滑条件下的轧制力随轧制道次的增加均呈增大的趋势，其中基础液作润滑剂时，每道次轧制力均最大；添加 TiO_2 纳米粒子使得每道次轧制力明显降低，降低的幅度随着 TiO_2 纳米粒子浓度的提高而持续增大。例如在第五道次，使用 TiO_2 浓度为1.0%的纳米流体作润滑剂时，其轧制力相对于基础液下降了15%。说明热轧摩擦因数随着轧制液中 TiO_2 纳米粒子浓度的提高而逐渐减小。这是因为热轧板带钢表面粗糙度较大，以及热轧过程中氧化铁皮的不断脱落、再生，促使纳米粒子填充在氧化层，修复氧化层缺陷。而修复层的出现降低了轧辊和板带钢之间的剪切力，因而进一步减小了摩擦因数。

由于轧制温度、应变速率以及变形程度等因素会对轧制力产生影响，且轧制润滑能够通过减少轧制时的摩擦因数间接地影响轧制工艺参数，如对变形区内的累积压下量、应变速率、前滑值以及中性角等产生影响，工艺润滑与变形率之间的关系很难定量地研究。因此，建立压下率和热变形抗力之间的内在关系是非常必要的。根据恰古诺夫提出的热变形抗力公式[298]，有：

$$k_f = [1 + \mu(l/\overline{h} - 1)]K_t\sigma_s \tag{7-10}$$

式中　k_f——变形抗力，MPa；

σ_s——材料室温屈服应力，MPa；

$\overline{h}$——变形区平均厚度，mm；

L——变形区长度，mm；

M——外摩擦因数；

K_t——温度影响系数。

假设变形率为 ε，有：

$$\begin{cases} \overline{h} = (h + h_0)/2 \\ h = h_0(1 - \varepsilon) \\ l = \sqrt{Rh_0} \end{cases} \tag{7-11}$$

式中　R——轧辊半径，mm。

将式(7-9)代入式(7-8)，并对 ε 求导，可得：

$$\frac{dk_f}{d\varepsilon} = \mu K_t\sigma_s\sqrt{R/h_0}\,\frac{2 + \varepsilon}{\sqrt{\varepsilon}(2 - \varepsilon)} \tag{7-12}$$

由式(7-12)可以看出，除轧制力会对压下率产生影响以外，材料屈服强度、温度以及轧辊半径等也会产生额外的影响。各种因素之间相互制约并最终影响压下率的大小。基础液作润滑剂时，由于在高温下大部分轧制液瞬间汽化，并不能够在轧件表面形成连续的润滑膜，因而轧制力降低较小；加入TiO_2纳米粒子后，纳米流体与板带钢表面间的附着能力增加，同时TiO_2纳米粒子易于在板带钢表面沉积，形成低剪切力的沉积膜，降低了轧制摩擦因数，因此轧制力也明显降低。

不同润滑条件下的终轧厚度列于图 7-19，可以看出，在轧制液中添加纳米粒子能显著降低板带钢的最小可轧厚度。使用 0.25%、0.5%及 1.0%的TiO_2纳米流体润滑的轧后厚度有明显降低，分别降低了 0.33 mm、0.38 mm 和 0.51 mm，其中使用TiO_2浓度为 1.0%的纳米流体润滑时终轧厚度最小，只有 4.3 mm。对比TiO_2纳米流体的摩擦学性能发现，热轧摩擦因数并不是在TiO_2浓度达到 0.5%时最低，反而在TiO_2浓度为 1.0%的时候获得更低的摩擦因数，这是因为在高温下，纳米流体中的水分瞬间汽化，强烈的气流带出了部分纳米粒子，使得变形区内有效纳米粒子减少，影响了润滑效果。

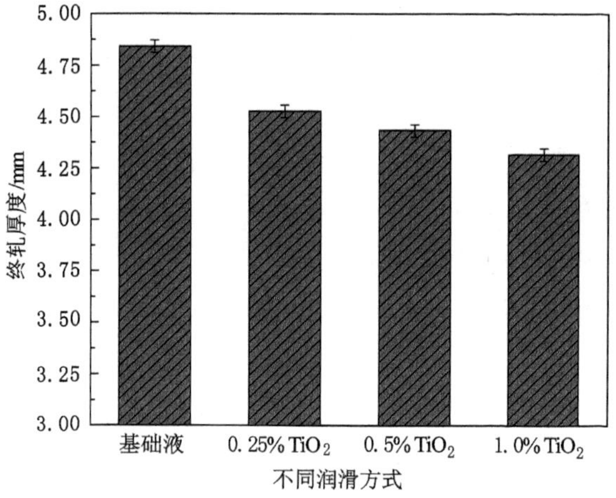

图 7-19　不同润滑条件下终轧厚度

板带钢在轧制过程中会出现厚度“超薄”现象。这是由于采用润滑后，轧制力降低，导致预设轧制力比实际轧制力偏大，压下量也增加。因而在轧制过程中需要及时对辊缝值进行修正，防止板带钢厚度过薄。

7.5.3 表面显微形貌

轧件轧后表面质量主要由轧制润滑条件、轧辊表面状况等因素所决定，良好的纳米润滑剂能够在金属表面形成一层吸附膜，因而在一定程度上可以防止轧件表面和空气的直接接触，减轻氧化程度。通过扫描电镜对不同润滑条件下的轧后板带钢表面形貌进行分析，结果如图 7-20 所示。

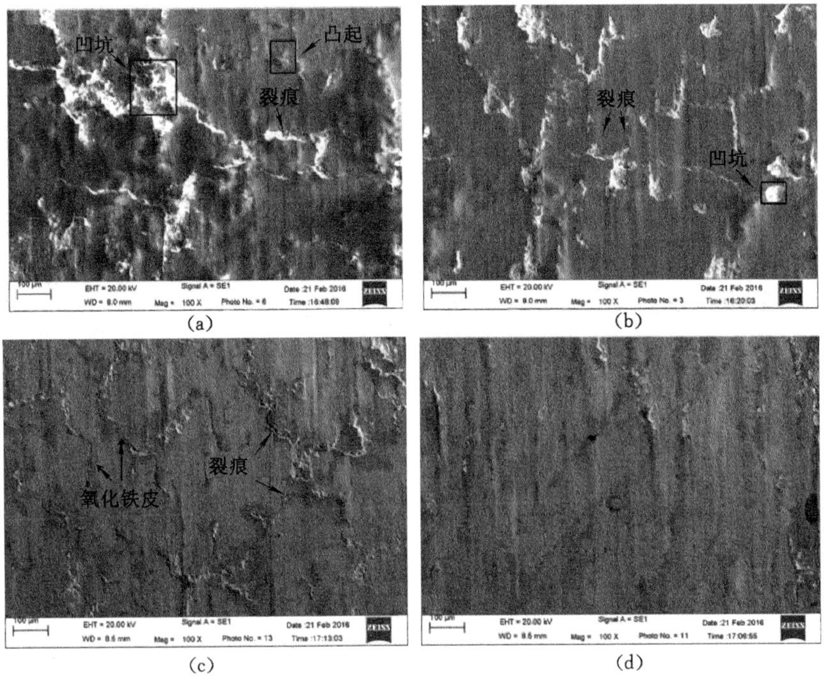

图 7-20　不同润滑条件下板带钢轧后表面显微形貌

(a) 基础液；(b) 0.25% TiO_2；(c) 0.5% TiO_2；(d) 1.0% TiO_2

由图 7-20 可以看出，当轧制液中不添加纳米粒子时，轧后板带钢表面凹凸不平，布满了裂纹、凹坑和凸起等缺陷，缺陷尺寸较大，数量较多。同时表面也存在少量划痕，这主要归结于黏附在轧辊表面的氧化铁皮或其他硬质粒子的划伤作用。凹坑则可能是由于在热轧过程中轧件表面脱落的氧化铁皮压入板带钢表面所致。而裂纹是由于板带钢在高温下受到垂直或平行于轧制方向的拉应力从而导致表面开裂而引起的。添加纳米粒子后，横向裂纹减少，轧制纹路变得清晰。这是由于纳米粒子沉积到板带钢表面形成一层不连续的沉积膜，阻碍了板带钢与轧辊的直接接触。此外，随着纳米粒子含量的进一步提高，沉积膜所占的面积增加，与轧辊直接接触的板带钢面积进一步减少，因而轧后板带钢表面变得更加平滑，裂痕、凸起与凹坑数量显著降低，同时板带钢表面氧化铁皮明显减少。当 TiO_2 纳米粒子含量达到 0.5%时，如图 7-20(c)所示，轧件表面只能看到极少量的裂痕，而凹坑几乎全部消失。特别地，当 TiO_2 纳米粒子的浓度提高到 1.0%时，如图 7-20(d)所示，轧后板带钢形貌非但没有像前文所做的摩擦学实验那般开始恶化，反而呈现出更优异的磨损特征。从另一个方面证明了在高温下，纳米流体中的水分瞬间汽化，强烈的气流带出了部分纳米粒子，导致变形区内有效纳米粒子数目减少这一观点。

进一步使用TR220表面粗糙度仪对轧后表面在不同润滑条件下的粗糙度进行研究，结果如图7-21所示。从图中可以看出，在四种润滑条件下，沿轧制方向的表面粗糙度 *Ra* 均低于垂直轧制方向，这是由于轧制方向上的划痕等因素所致；与基础液相比，添加 TiO_2 纳米粒子后，板带钢轧后表面粗糙度 *Ra* 显著降低；四种润滑条件下板带钢沿轧制方向的轧后表面粗糙度 *Ra* 随着 TiO_2 纳米颗粒浓度的增加，总体上呈现降低的趋势，但降低幅度较小；而在垂直轧制方向上，当 TiO_2 浓度分别为0.25%、0.5%和1.0%时，其粗糙度 *Ra* 分别比基础液润滑降低了25.6%、48.7%和50.2%。从另一个角度说明了在轧制液中加入纳米粒子能够起到减少氧化铁皮生成、改善轧后表面的作用。

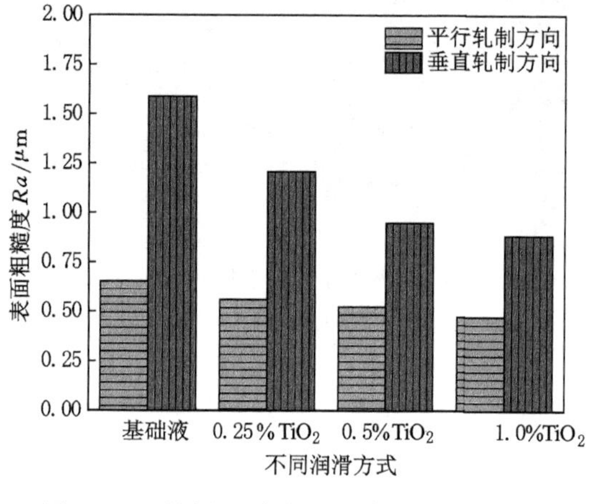

图7-21　不同润滑条件下板带钢表面粗糙度

7.5.4　表面组织和氧化层

在第6章里已经通过理论和实验证明了 TiO_2 纳米流体比基础液具有更高的热导率，即具有更快的冷却速度。为明确这一特征对轧后板带钢表面组织的影响，本小节首先对四种轧后板带钢进行取样、打磨、抛光和酸蚀，然后通过光学显微镜对其组织进行了观察，结果如图7-22所示。从图中可以看出，含C量0.17%的Q235板带钢样品经过热轧冷却后的微观组织主要为白色的铁素体和黑色的珠光体。当基础液作润滑剂时，板带钢轧后表面组织以晶粒粗大的铁素体为主，晶间有少量晶粒细小的珠光体相析出。当 TiO_2 纳米粒子浓度为 0.25%时，铁素体晶粒度明显变小，同时晶间析出的珠光体相数目增加。纳米粒子浓度进一步提高到 0.5%乃至 1.0%时，板带钢轧后显微组织无明显变化。

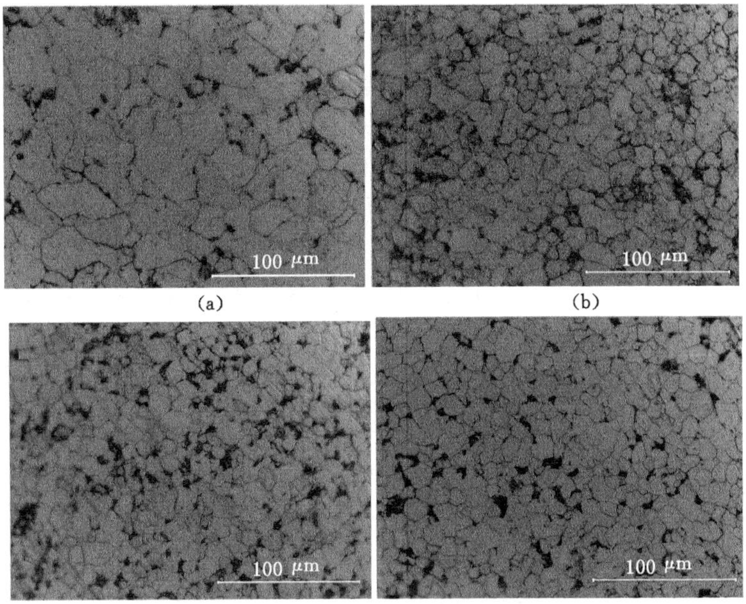

(a)　　(b)

(c)　　(d)

图 7-22　不同润滑条件下的轧后板带钢表面显微组织图

(a) 基础液；(b) 0.25% TiO_2；(c) 0.5% TiO_2；(d) 1.0% TiO_2

造成板带钢轧后表面组织晶粒细化原因主要归结为两点：一方面是纳米流体较好的润滑性能，导致在同样的轧制力下具有更大的压下率，使得变形量增加，进而位错密度增加，内部储存能也继续增加，再结晶驱动力增强，但由于轧制变形在很短的时间内完成，再结晶组织并没有达到再结晶长大阶段，从而晶粒较细小；另一方面，较高的冷却速率也可以避免板带钢处于再结晶长大阶段，防止晶粒粗化。而珠光体析出相的增加同样是由于 TiO_2 纳米流体的快速冷却作用造成的。当样品在 1 000 ℃开轧时，组织为奥氏体组织。随着样品温度的不断下降，奥氏体中逐渐析出铁素体。当温度降低到 727 ℃后，残余奥氏体转变成珠光体。珠光体的含量是由残余奥氏体的含量所决定的，这取决于较高温度下所析出的铁素体。纳米流体较高的热导率使得板带钢降温速度增加，减少了铁素体从奥氏体中的析出，增加了残余奥氏体的含量，因此残余奥氏体转变的珠光体的含量也有所增加。

随着节能减排及清洁生产要求的提出，目前钢铁行业对其生产流程也提出了更高的要求，废酸废液会对环境产生严重污染而被限制，对产品的需求逐渐转向一些减酸洗甚至是免酸洗产品。通过调整热轧工艺可以实现对板带钢表面氧化层结构及厚度进行控制，保证氧化铁皮在后续深加工过程中不仅不能发生剥落，还能够发生塑性变形起到润滑的作用。为此，对不同润滑条件下板带钢轧后氧化层进行了研究。

图 7-23 为不同润滑条件下的板带钢轧后氧化层截面显微结构图。由图可知，使用基础液润滑时板带钢表面氧化层厚度平均约为 15 μm，且结构疏松，存在很多裂痕和孔洞，氧化层与基体界面连接处凹凸不平，并存在大面积的孔隙。加入 TiO_2纳米粒子后，板带钢表面氧化层厚度逐渐减小，结构变得更加致密，基体与氧化层间的界面也变得愈加平整，孔隙逐渐减少。但进一步提高 TiO_2纳米粒子含量时，除孔洞减少外，氧化层结构、致密度等没有发生明显变化。

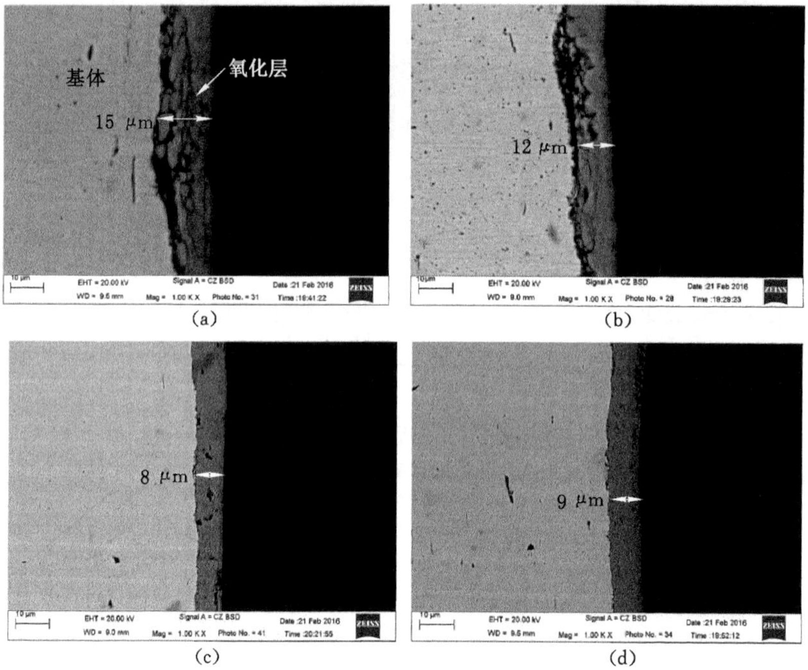

图 7-23　不同润滑条件下的板带钢表面氧化层

(a) 基础液；(b) 0.25% TiO_2；(c) 0.5% TiO_2；(d) 1.0% TiO_2

氧化层厚度的变化与轧后板带钢的变形量有直接关系，板带钢在轧制过程中变形量越大，其表面氧化层厚度就愈小[299]。随着基础液中纳米粒子含量的增加，板带钢的变形量越来越大，故氧化层越来越小，证实了上述结果的可靠性，而板带钢的塑性变形与摩擦因数成正相关，因此，纳米粒子的添加通过减小摩擦因数进而减小氧化层厚度，并提高其致密性。

可以看出：

(1) 四球摩擦磨损实验表明，分散剂对纳米流体的摩擦学性能有一定影响，但影响程度要小于 TiO_2 纳米粒子，分散剂仅通过改变纳米流体的理化性能来影响润滑效果。当使用聚丙烯酸钠(PAAS)作分散剂时，由于黏度较大且润湿性较差，影响了纳米流体的流动性，阻碍了纳米 TiO_2 粒子进入变形区，影响纳米流体的润滑性能。

(2) 万能摩擦磨损实验表明，随着载荷的增加，纳米流体的摩擦因数升高；随着转速的增加，纳米流体的摩擦因数降低；三种类型的纳米流体均处于边界或混合润滑状态；Stribeck 曲线对纳米流体仍然适用。

(3) 实验提出了流-固协同润滑模型。由于固体表面粗糙度的存在，且微凸体处具有较高的表面能，因此 TiO_2 倾向于沉积在变形区的微凸体上，形成一种低剪切的纳米润滑膜，使真实的接触面由纳米流体、纳米润滑膜以及部分微凸体组成。沉积膜避免了微凸体的直接接触，因而提高了纳米流体的润滑性能。

(4) 热轧润滑实验表明，TiO_2 纳米流体作轧制液能够显著降低轧制力，相对于基础液最大可降低 15%。此外，TiO_2 纳米流体也能够明显改善板带钢轧后组织以及氧化层厚度，使铁素体组织更加细小，有更多的珠光体相析出；氧化层厚度减小，且更加致密。

后　记

笔者尝试从纳米沉积膜方面探索纳米流体的摩擦学特征，并从纳米粒子的界面层以及布朗运动等方面研究纳米流体的热导率强化行为，从而拓宽水基纳米热轧润滑液的研究范围。研究了包括纳米流体的润湿性、黏度以及纳米流体的热导率强化机制、纳米流体在金属表面上的沉积及对其摩擦学性能的影响。在此基础上进一步探讨纳米润滑的机理：

（1）纳米流体的润湿性

筛选粒径为 20 nm 的 TiO_2纳米粒子，使用 XRD、SEM 等对其进行表征，选取合适的分散剂，对纳米粒子在水性介质中进行分散，制备出不同种类、不同 TiO_2纳米浓度的水基纳米流体；研究不同粗糙度、分散剂浓度以及纳米粒子浓度对纳米流体润湿行为的影响。

（2）纳米流体的黏度和流变性能

稳定分散的纳米粒子周围会紧紧环绕一层溶剂液膜，将纳米粒子和溶剂液膜视为一个有机整体，引入 Gouy-Chapman 双电层模型，使用传统的黏度公式对纳米流体的黏度进行修正，并研究不同 TiO_2纳米浓度、不同剪切率下纳米流体的流变行为。

（3）纳米流体的热传输行为

考查不同 TiO_2纳米粒子浓度、纳米粒径及温度对纳米流体热传输行为的影响。借鉴传统的界面层及布朗运动模型，并结合 TiO_2纳米粒子的特点，提出纳米粒子等效直径的观点。在经典的 Maxwell 理论基础上，通过理论计算，得到全新的热导率公式。

（4）纳米流体的摩擦学性能

研究不同磨损形式的“摩擦副”的摩擦学性能，分别通过四球、万能试验机分析最大无卡咬负荷 P_B、摩擦因数、磨斑直径等探究 TiO_2纳米粒子的加入对其摩擦学性能的影响，通过 SEM 探索纳米粒子的沉积与摩擦学性能之间的内在联系，并通过轧制实验分析沉积行为对轧后表面质量、最小可轧厚度等的影响，探究 TiO_2纳米粒子的沉积与轧制润滑性能的内在关系。

(5) 拟提出“协同润滑模型”

根据固体的表面能分布特点以及 TiO_2 纳米粒子在摩擦副表面的沉积特征，提出纳米沉积膜润滑与轧制液流体润滑协同润滑的混合润滑模型(或纳米沉积膜、轧制液流体润滑以及边界润滑的三相协同的混合润滑模型)。

根据研究内容和目标，本书首先使用 XRD、TEM 等对 TiO_2 纳米粒子进表征，然后对 TiO_2 在基础液中的分散稳定性进行研究，其次利用接触角测量仪、黏度计等分析 TiO_2 纳米流体的理化性能，建立了新的润湿和黏度模型。进而利用导热仪、四球摩擦试验机、万能摩擦磨损试验机以及四辊轧机等研究了纳米流体的热传输及摩擦学行为。

研究过程中有几个问题值得关注：

(1) TiO_2 纳米粒子界面层厚度的界定及其本身的热导率分布。尽管已经有文献对纳米粒子的界面层热导率分布以及界面层厚度进行了理论假设和计算，但是并不能通过仪器或者实验加以验证。

(2) 考虑到纳米流体的稳定性因素，低 pH 值下的纳米流体稳定性较差，而高 pH 值下的纳米流体“电滞效应”往往会被屏蔽。因而很难选择合适的 pH 值，以分析电滞效应对纳米流体动态黏度的影响。

(3) 现场轧制环境恶劣，温度难以控制，且轧制过程中伴随着水分的快速挥发，相当于液相体积在不停地发生变化，给水基纳米流体沉积成膜及热轧沉积机理的探究和模型建立带来了困难。

笔者通过对 TiO_2 纳米流体分散稳定性、理化性能、热传输以及摩擦学行为等方面的研究，明确了 TiO_2 纳米粒子在基础液中的分散形式，探明了 TiO_2 纳米流体在金属表面的润湿状态，修正了纳米流体的黏度公式，并进一步建立了纳米流体的热传输及润滑模型，得到了一些具有参考价值的结论：

(1) 通过 XRD、SEM 对初始粒径为 20 nm 的 TiO_2 纳米粒子进行了表征，确定所选的纳米粒子为锐钛型 TiO_2，由于在空气中吸收了水分，在液桥力作用下发生了部分团聚，团聚后的平均粒径为 45 nm，通过差热分析得到其熔点为 1 013 ℃。

(2) 通过沉降法对分散剂进行了筛选，确认了使用六偏磷酸钠(SHMP)、聚丙烯酸钠(PAAS)和油酸(OA)均有着良好的分散稳定性；通过 Zeta 电位仪分析了三种分散剂的最佳用量，即 SHMP 为 1.0%，PAAS 为 0.6%，OA 为 1.4%。明确了三种分散剂的分散机制，SHMP 为静电双电层分散机制，PAAS 是空间位阻分散机制，OA 兼具有静电双电层和空间位阻作用机制。

(3) 润湿性实验表明，分散剂和纳米 TiO_2 对纳米流体润湿性皆有一定的影响，其中分散剂可以改变纳米流体的润湿状态，使其由 Wenzel 状态向 Cassie 状态转变，润湿性能下降。进一步添加纳米 TiO_2 粒子后，由于降低了纳米流体的表面张力，因而纳米流体的润湿性能略有提高。

(4) 黏度实验表明，纳米流体的黏度同时受分散剂和 TiO_2 纳米浓度的影响，分散剂(PAAS)和纳米 TiO_2 的含量对纳米流体黏度的影响较大，而分散剂(SHMP)和油酸(OA)的含量几乎对纳米流体的黏度没有影响。进一步考查了纳米流体的流变性，由于纳米粒子的加入使得流体从牛顿流体向非牛顿流体转变；引入了 Gouy-Chapman 双电层模型，基于纳米粒子周围电势分布和距离的关系，通过理论计算，提出了全新的黏度公式。

(5) 结合 TiO_2 纳米粒子的特点，考虑了纳米流体的界面层效应，在传统热导率模型的基础上，提出了新的热导率模型。新的模型受到界面层本身的热导率以及厚度的影响。当界面层厚度为零时，模型简化为经典的 Maxwell 模型。

(6) 将纳米粒子在基液中做布朗运动的振动范围视为粒子的有效直径，即做布朗运动的纳米粒子相当于有效体积的增大，因而提高了纳米流体的热导率，推导出了基于布朗运动的热导率公式。

(7) 四球摩擦磨损实验表明，分散剂对纳米流体的摩擦学性能有一定影响，但影响程度要小于 TiO_2 纳米粒子，分散剂仅通过改变纳米流体的理化性能来影响润滑效果。当使用聚丙烯酸钠(PAAS)分散时，由于黏度较大，影响了纳米流体的流动性，进而会阻碍纳米 TiO_2 粒子进入变形区，影响纳米流体的润滑性能；使用六偏磷酸钠(SHMP)或油酸(OA)作分散时，纳米流体的润滑性能受分散剂含量的影响较小。万能摩擦磨损实验表明，随着载荷的增加，纳米流体的摩擦因数升高；随着转速的增加，纳米流体的摩擦因数降低；三种类型的纳米流体均处于边界或混合润滑状态；Stribeck 曲线对纳米流体仍然适用。

(8) 提出了流-固协同润滑模型。由于固体表面粗糙度的存在，且微凸体处具有较高的表面能，因此 TiO_2 倾向于沉积在变形区的微凸体，形成一种低剪切的纳米润滑膜，使真实的接触面由纳米流体、纳米润滑膜以及部分微凸体组成。沉积膜避免了微凸体的直接接触，因而提高了纳米流体的润滑性能。

(9) 热轧润滑实验表明，TiO_2 纳米流体作轧制液能够显著降低轧制力，相对于基础液最大可降低 15%。此外，TiO_2 纳米流体也能够明显改善板带钢轧后组织以及氧化层厚度，使铁素体组织更加细小，有更多的珠光体相析出；氧化层厚度减小，且更加致密。

参 考 文 献

[1] PADGURSKAS J, RUKUIZA R, PROSYCEVAS I, et al. Tribological properties of lubricant additives of Fe, Cu and Co nanoparticles[J]. Tribology International, 2013, 60(7): 224-232.

[2] 钱林茂，田煜，温诗铸.纳米摩擦学[M].北京：科学出版社，2013.

[3] MUSHA T. The possibility of FTL space travel by using the quantum tunneling effect through the light barrier[J]. Journal of Space Exploration, 2017, 6(1): 1-6.

[4] SGROI M F, ASTI M, GILI F, et al. Engine bench and road testing of an engine oil containing MoS_2, particles as nano-additive for friction reduction[J]. Tribology International, 2017, 105: 317-325.

[5] 孙建林，马艳丽，张志超，等.不同润滑条件对热轧板带钢表面氧化的影响[J].工程科学学报，2006，28(1)：45-47.

[6] GRECO A, MISTRY K, SISTA V, et al. Friction and wear behaviour of boron based surface treatment and nano-particle lubricant additives for wind turbine gearbox applications[J]. Wear, 2011, 271(9-10): 1754-1760.

[7] LI Z, HOU X, YU L, et al. Preparation of lanthanum trifluoride nanoparticles surface-capped by tributyl phosphate and evaluation of their tribological properties as lubricant additive in liquid paraffin[J]. Applied Surface Science, 2014, 292(4): 971-977.

[8] 刘思思，张言，童佳威.双层自组装分子-离子液体复合润滑薄膜的制备及其摩擦学性能研究[J].摩擦学学报，2017，37(1)：107-114.

[9] 关小军.轧制润滑技术[M].北京：化学工业出版社，2010.

[10] 李瑾.我国钢板热轧技术工艺润滑的发展[J].石油商技，2006，24(5)：38-40.

[11] 孙建林.钢铁轧制润滑技术发展与展望[J].润滑油，2010，25(4)：1-5.

[12] 陈志忠，鲁倩.热轧工艺润滑剂的研究进展及发展趋势[J].石油商技，

2013,31(3):18-21.
[13] 马艳丽,孙建林,高雅,等.板带钢热轧润滑作用机理及润滑效果[J].北京科技大学学报,2011,33(2):178-181.
[14] 张坤龙.轧制润滑在珠钢 GSP 线上应用的节电效果[J].电力与能源,2002,23(4):174-175.
[15] PELLIZZARI M, MOLINARI A, STRAFFELINI G. Tribological behaviour of hot rolling rolls[J]. Wear,2005,259(7-12):1281-1289.
[16] SHIRIZLY A, LENARD J G. The effect of lubrication on mill loads during hot rolling of low carbon steel strips[J]. Joumal of Materials Processing Technology,2000,97(1):61-68.
[17] JIN W, PIEREDER D, LENARD J G. A study of the coefficient of friction during hot rolling of a feiritic stainless steel[J]. Lubrication engineering,2002,58(11):29-37.
[18] LAGERGREN J. Developments of work roll bite lubrication at SSAB tunnplat AB hot strip mill[J]. Steel Research,1996,67(11):485-490.
[19] KOMI J, SALMON E, FISCHER F, et al. Effect of strip lubrication on fiiction in hot rolling of stainless steel[J]. Steel Rolling, 1998(31):452-456.
[20] 郑跃强,关建东,康永林.酒钢 CSP 热轧辊缝缝润滑的应用研究[J].中国冶金,2009,19(8):19-23.
[21] 朱作鑫,孙建林,高雅,等.热轧变形区润滑条件与板带钢表面质量关系试验研究[J].机械工程学报,2012,48(2):133-137.
[22] 王作成,关小军,王先进.润滑条件对热轧 IF 钢的性能及组织的影响[J].钢铁,2000,35(11):44-46.
[23] 何晓明,杨春平.热轧工艺润滑技术的开发与应用[J].轧钢,1999(5):14-16.
[24] MCCONNELL C, LENARD J G. Friction in cold rolling of a low carbon steel with lubricants[J]. Journal of Materials Processing Technology,2000,99(1):86-93.
[25] 孙建林,马艳丽.轧制过程工艺润滑技术的发展和应用[J].特殊钢,2007,28(3):47-49.
[26] 崔二宝,孙蓟泉,刘玉金.乳化液在冷轧润滑过程中的应用分析[J].中国科技信息,2008(21):142-143.

[27] 曲克.轧钢工艺学[M].北京:冶金工业出版社,1991.

[28] 孙建林.材料成形摩擦与润滑[M].北京:国防工业出版社,2007.

[29] OROWAN E. The calculation of roll Pressure in hot and cold flat rolling[J].Proc Inst Mech Engrs,1941(150):140-167.

[30] REYNOLDS O.On the theory of Lubrication and its application to Mr. Beauehamp Tower's experiments including an experimental deformations of the viscosity of oil[J].Phi.Trans.Roy.Soe,1886(177):97-155.

[31] PATIR N,CHENG H S.An average flow model for determining effects of three dimensional roughness on partial hydrodynamic lubrication[J]. ASME Journal of Lubrication Technology,1978,100(1):12-17.

[32] PATIR N,CHENG H S.Application of average flow model to lubrication between rough sliding surfaces[J].ASME Journal of Lubrication Technology,1979,101(2):220.

[33] 王晓力,温诗铸,桂长林.基于平均流动模型的广义雷诺方程[J].润滑与密封,1998(3):16-18.

[34] TSAOY H, SARGENT J L B. A mixed lubrication model for cold rolling of metals[J].Asle Transactioiis,1977,20(1):55-63.

[35] DOW T A,KANNEL J W,BUPARA S S.A hydrodynamic lubrication theory for strip rolling including thermal effects [J].Journal of Lubrication Technology,1975,97(1):4-12.

[36] TSAO Y H,SARGENT J L B.Friction and slip in the cold rolling of metals[J].ASLE Transactions,1978,21(1):20-24.

[37] SUTELIFFE M P F,JOHNSON K L.Lubrication in cold strip rolling in the mixed regime[J].Proc Instil Meeh Engrs,1990,204(9):249-261.

[38] SHEU S.Mixed lubrication in bulk metal forming[D].Evanston:Northeastern University,1985.

[39] SHEU S,WILSON W R D.Mixed lubrication of strip rolling[J].ASLE Transactions,1994,37(3):483-493.

[40] WILSON W R D,CHANG D F.Low speed mixed lubrication of bulk metal forming processes[J].Journal of Tribology,1996,118(1):83-89.

[41] QIU Z L,WU Y D,TIEU A K.Mixed-film lubrication theory and tension effects on metal rolling profess [J].Journal of Tribology,1999,121(4):908.

[42] 雒建斌，李津津.摩擦学的进展和未来[J].润滑与密封，2010，35(12)：1-12.
[43] 刘喜梅，罗新民.水基润滑添加剂的理论及应用[J].合成润滑材料，2001，28(1)：9-13.
[44] 邱金华，罗新民，欧阳波，等.水基金属加工液润滑添加剂的使用[J].合成润滑材料，2005，32(4)：12-15.
[45] TOMALA A，KARPINSKA A，WERNER W S M，et al. Tribological properties of additives for water-based lubricants[J]. Wear，2010，269(11)：804-810.
[46] 巩发洋，勾连全，钱亚宁.水溶性润滑添加剂的现状和发展[J].合成润滑材料，2005，32(4)：29-33.
[47] CHEN Q，WANG X，WANG Z，et al. Preparation of water-soluble nanographite and its application in water-based cutting fluid[J]. Nanoscale Research Letters，2013，8(1)：52.
[48] 杨春华，王洪斌，陈志.国内外金属加工润滑剂技术水平及发展趋势[J].润滑油，2007，22(6)：5-9.
[49] 黄立宇，王飞.冷轧铝板轧制油中基础油对轧制效果的影响[J].机械工程与自动化，2008(2)：151-152.
[50] 方建华，陈波水，董凌，等.环境友好水基润滑添加剂的研究[J].石油炼制与化工，2003，34(4)：22-25.
[51] 祁有丽，苏刚，陈馥婧，等.水溶性聚醚酯摩擦学性能的研究[J].摩擦学学报，2011，31(3)：249-254.
[52] 夏延秋，刘维民，薛群基.两种磷氮类添加剂的极压抗磨机理研究[J].摩擦学学报，2000，20(6)：443-446.
[53] 马江波，胡俊宏，丁津原，等.硫、磷系添加剂在菜籽油中的响应性[J].东北大学学报(自然科学版)，2004，25(2)：150-152.
[54] 黄伟九，李芬芳，吴献花.水溶性3-(N，N-二正丁基二硫代氨基甲酸基)酸衍生物的摩擦学性能[J].润滑与密封，2004(6)：5-7.
[55] GAO Y，JING Y，ZHANG Z，et al. Tribological properties of aqueous solution of imidazoline borates[J]. Wear，2002，253(5)：576-578.
[56] 黄雪红，许国强.水溶性有机磷酸酯润滑剂的制备[J].应用化学，2004，21(5)：524-526.
[57] PENG Y，HU Y，WANG H. Tribological behaviors of surfactant-func-

tionalized carbon nanotubes as lubricant additive in water[J].Tribology Letters,2007,25(3):247-253.

[58] LI X H,CAO Z,ZHANG Z J,et al.Surface-modification in situ of nano-SiO_2 and its structure and tribological properties[J].Applied Surface Science,2006,252(22):7856-7861.

[59] 党鸿辛,赵彦保,张治军.铋纳米微粒添加剂的摩擦学性能研究[J].摩擦学学报,2004,24(2):185-187.

[60] 郭志光,顾卡丽,徐建生,等.有机钼及其复合纳米润滑添加剂的摩擦磨损性能研究[J].摩擦学学报,2005,25(4):317-321.

[61] QIU S Q,DONG J X,CHENG G.A review of ultrafine particles as anti-wear additive and friction modifiers in lubrication oils[J].Lubrication Science,1999,11(3):217-226.

[62] NAKAHARA T,MAKITA T,KYOGOKU K.Effect of molybdenum sulfide dispersed in oil on friction in journal bearings[J].Toraiborojisuto,1991(289):95-101.

[63] 于鹤龙,许一,刘谦,等.油润滑条件下有机物修饰纳米铜颗粒改善铁基摩擦副摩擦磨损的研究[J].润滑与密封,2005(4):59-61.

[64] FERNANDE P,ANDRE V,RIEGER J,et al.Nano-emulsion formation by emulsion phase inversion[J].Colloids and Surface,2004,251(1-3):53-58.

[65] 顾彩香,顾卓明,陈志刚,等.环保型纳米润滑材料的研究[J].机械设计与制造,2006(2):106-108.

[66] 李磊,顾卓明,顾彩香,等.纳米粒子作为润滑添加剂的性能研究[J].当代化工,2007,36(3):268-271.

[67] TARASOV S,KOLUBAEV A,BELYAEV S,et al.Study of friction reduction by nano-copper additives to motor oil[J].Wear,2002,252(1):63-69.

[68] 柳学全,李一,霍静,等.纳米氟硼酸钾润滑油添加剂的摩擦学机理[J].粉末冶金材料科学与工程,2013,18(3):341-345.

[69] RPAOPORTV L,LESHCHINSKY V,LPASKER I,et al.Tribological properties of WS_2 nanoparticles under mixed lubrication[J].Wear,2003,255(7):785-793.

[70] GREENBERGA R,HALPERINA G,ETSIONA I,et al.The effect of

WS_2 nanoparticles on fiiction reduction in various lubrication regimes [J].Tribology Letters,2004,17(2):179-186.
[71] CHOI S U S,EASTMAN J A.Enhanced heat transfer using nanofluids, US,6221275[P].2001-04-24.
[72] TSUNG T T,LO C H,JWO C S,et al.A novel nanofluid manufacturing process using a cylindrical flow cooling method in an induction heating system[J].International Journal of Advanced Manufacturing Technology,2006,29(1-2):99-104.
[73] LO C H,TSUNG T T,CHEN L C,et al.Fabrication of copper oxide nanofluid using submerged arc nanoparticle synthesis system (SANSS) [J].Journal of Nanoparticle Research,2005,7(2-3):313-320.
[74] LI X F,ZHU D S,WANG X J.Evaluation on dispersion behavior of the aqueous cooper nano-suspensions[J].Journal of Colloid and Interface Science,2007,310(2):456-463.
[75] HWANG Y J,AHN Y C,SHIN H S,et al.Investigation on characteristics of thermal conductivity enhancement of nanofluids[J].Current Applied Physics,2006,6(6):1068-1071.
[76] 李泽梁,李俊明,王补宣,等.SDBS对氧化铜纳米颗粒悬浮液黏度的影响[J].工程热物理学报,2003,24(5):849-851.
[77] ZHANG L L,JIANG Y H,DING Y L,et al. Investigation into the nanofluids[J].Journal of Nanoparticle Research,2007,9(3):479-489.
[78] CHOPKAR M,DAS A K,MANNA I,et al.Pool boiling heat transfer characteristics of ZrO_2-water nanofluids from a flat surface in a pool [J].Heat and Mass Transfer,2008,44(8):999-1004.
[79] 宋晓岚,吴雪兰,曲鹏,等.纳米 SiO_2 分散稳定性能影响因素及作用机理研究[J].硅酸盐通报,2005,2(1):3-7.
[80] 郝素菊,张玉柱,蒋武锋,等.含碳纳米管悬浮液的稳定性[J].东北大学学报(自然科学版),2007,28(10):1438-1441.
[81] SOUMEN J,AMIN S,ZHONG W H.Enhancement of fluid thermal conductivity by the addition of single and hybrid nano-additives[J]. Thermochimica Acta,2007,462(1-2):45-55.
[82] LIU M S,LIN M C,TSAI C Y,et al.Enhancement of thermal conductivity with Cu for nanofluids using chemical reduction method[J].In-

ternational Journal of Heat and Mass Transfer, 2006, 49 (17-18): 3028-3033.

[83] 程敬泉,姚素薇,张卫国,等.超声场下不同形貌银胶体的制备与表征[J].天津大学学报(自然科学与工程技术版),2006,39(1):34-38.

[84] 朱海涛.纳米流体的制备、稳定及导热性能研究[D].济南:山东大学,2005.

[85] 李东东,李金凯,赵蔚琳. SiO_2-水纳米流体稳定性及导热性能[J]. 济南大学学报(自然科学版),2010,24(3):247-250.

[86] 李晓贺,丰平,贺跃辉.纳米粉末在水中分散性的探讨[J].纳米科技,2007(1):17-21.

[87] HE Y R,JIN Y,CHEN H S,et al.Heat transfer and flow behaviourof aqueous suspensions of TiO_2 nanoparticles(nanofluids) flowing upward through a vertical pipe[J]. International Journal of Heat and Mass Transfer,2007,50(11):2272-2281.

[88] 饶坚,陈沙鸥,戚凭,等.分散剂(PMAA-NH4)质量分数和 pH 值对纳米氧化锆悬浮液分散效果的影响[J].青岛大学学报(自然科学版),2003,16(3):37-39.

[89] PENG X F,YU X L,XIA L F,et al.Influence factors on suspension stability of nanofluids[J].Journal of Zhejiang University,2007,41(4):577-580.

[90] 王先菊,朱冬生,李新芳,等.pH 对水合 Al_2O_3 纳米流体的稳定性和导热性的影响[J].功能材料,2007(38):3140-3143.

[91] WILLIAMS W C,FORREST E,HU L W,et al.Preparation and characterization of water-based nanofluids for nuclear applications:ICAPP'06:Proceedings of the 2006 International Congress on Advances in Nuclear Power Plants,Jun 4-8,2006[C].Reno,NC,United States,2006.

[92] HONG H P, WENSEL J, LIANGF, et al. Heat transfer nanofluids based on carbon nanotubes[J]. Journal of Thermophysics and Heat Transfer,2007,21(1):234-236.

[93] 李新芳,朱冬生,王先菊,等.Cu-水纳米流体的分散行为及导热性能研究[J].功能材料,2008,39(1):162-165,169.

[94] 刘辉,武卫东,盛伟,等.FeO 纳米流体强化氨水鼓泡吸收过程实验[J]化工进展,2009,28(7):1138-1141.

[95] ZHU D S,LI H,WANG X J,et al.Study on stability of Al_2O_3-nanoparticles with different dispersants[J].Acta Scientiar Naturalum Universitatis Sunyatseni,2007(46):244-245.

[96] 宋晓岚,邱冠周,史训达,等.混合表面活性剂分散纳米 CeO_2 颗粒的协同效应[J].湖南大学学报(自然科学版),2005,32(5):95-99.

[97] 谭强强,唐子龙,张中太,等.分散剂用量对纳米四方多晶氧化锆悬浮体流变性能的影响[J].稀有金属材料与工程,2003,32(9):744-747.

[98] 王补宣,李春辉,彭晓峰.纳米颗粒悬浮液稳定性分析[J].应用基础与工程科学学报,2003,11(2):167-173.

[99] 陈全喜,戴乐阳.纳米润滑油添加剂的分散稳定理论研究[J].广东化工,2015,42(6):80-81.

[100] REN J,SONG S,LOPEZ-VALDIVIESO A,et al.Dispersion of silica fines in water-ethanol suspensions[J].Journal of Colloid and Interface Science,2001,238(2):279-284.

[101] 王永雷.静电相互作用的计算在耗散粒子动力学模拟中的实现及应用[D].长春:吉林大学,2012.

[102] 焦静静.新型离子液体型表面活性剂在水溶液中的胶束化行为[D].济南:山东大学,2013.

[103] RASTOGI R B,YADAV M.Suspension ofmolybdenum-sulphur complexes in paraffin oil as extreme pressure lubricants[J].Tribology International,2003,36(7):511-516.

[104] POPA I,GILLIES G,PAPASTAVROU G,et al.Attractive and repulsive electrostatic forces between positively charged latex particles in the presence of anionic linear polyelectrolytes[J].Journal of Physical Chemistry B,2010,114(9):3170-3177.

[105] YU W,XIE H.A review on nanofluids:preparation,stability mechanisms,and applications[J].Journal of Nanomaterials,2012(1):1687-4110.

[106] YANGL,DU K,NIU X F,et al.Experimental study on enhancement of ammonia-water falling film absorption by adding nano-particles[J].International Journal of Refrigeration,2011,34(3):640-647.

[107] 安康,孙德军,薛天锋,等.纳米 SiO_2 悬浮体系中的流变、沉降与分维研究[J].功能材料,2003,34(6):721-722.

[108] GHODSINEZHAD H, SHARIFPUR M, MEYER J P. Experimental investigation on cavity flow natural convection of Al_2O_3-water nanofluids[J]. International Communications in Heat & Mass Transfer, 2016, 76: 316-324.

[109] 宋晓岚，杨振华，邱冠周，等.纳米 Al_2O_3 颗粒的制备及其悬浮液的分散稳定[J].中南工业大学学报(自然科学版)，2003，34(5)：484-488.

[110] YU H, HERMANN S, SCHULZ S E, et al. Optimizing sonication parameters for dispersion of single-walled carbon nanotubes[J]. Chemical Physics, 2012, 408: 11-16.

[111] KECHENG G, BOSHUI C, YONG C. Preparation and tribological properties of lanthanum-doped TiO_2 nanoparticles in rapeseed oil[J]. Journal of Rare Earth, 2013, 31(6): 589-594.

[112] ZIN V, AGRESTI F, BARISON S, et al. The synthesis and effect of copper nanoparticles on the tribological properties of lubricant oils[J]. IEEE Transactions on Nanotechnology, 2013, 12(5): 751-759.

[113] XIA G, JIANG H, LIU R, et al. Effects of surfactant on the stability and thermal conductivity of Al_2O_3-de-ionized water nanofluids[J]. International Journal of Thermal Sciences, 2014, 84(4): 118-124.

[114] CHIAM H W, AZMI W H, USRI N A, et al. Thermal conductivity and viscosity of Al_2O_3 nanofluids for different based ratio of water and ethylene glycol mixture[J]. Experimental Thermal & Fluid Science, 2017, 81: 420-429.

[115] DUANGTHONGSUK W, WONGWISES S. Measurement of temperature-dependent thermal conductivity and viscosity of TiO-water nanofluids[J]. Experimental Thermal & Fluid Science, 2009, 33(4): 706-714.

[116] IRANMANESH S, MEHRALI M, SADEGHINEZHAD E, et al. Evaluation of viscosity and thermal conductivity of graphene nanoplatelets nanofluids through a combined experimental-statistical approach using respond surface methodology method[J]. International Communications in Heat & Mass Transfer, 2016(79): 74-80.

[117] SONAWANE S S, JUWAR V. Optimization of conditions for an enhancement of thermal conductivity and minimization of viscosity of

ethylene glycol based Fe_3O_4 nanofluid[J]. Applied Thermal Engineering,2016(109):121-129.

[118] KIM J,PARK Y S,VERIANSYAH B,et al.Continuous synthesis of surface-modified metal oxide nanoparticles using supercritical methanol for highly stabilized nanofluids[J]. Chemistry of Materials,2008(20):6301-6303.

[119] PATI S S, MAHENDRAN V, PHILIP J. A simple approach to produce stable ferrofluids without surfactants and with high temperature stability[J].Journal of Nanofluids,2013,2(2):94-103.

[120] XIE H,LEE H,YOUN W,et al.Nanofluids containing multiwalled carbon nanotubes and their enhanced thermal conductivities [J]. Journal of Applied Physics,2003,94(8):4967-4971.

[121] 周乐平,王补宣.准稳态法测量纳米颗粒悬浮液的热物性[J].工程热物理学报,2003,24(6):1037-1039.

[122] 谢华清,王锦昌,程曙霞,等.热针法测量材料导热系数研究[J].应用科学学报,2002,20(1):6-9.

[123] 李强,宣益民.纳米流体热导率的测量[J].化工学报,2003,54(1):42-46.

[124] MASUDA H,EBATA A,TERAMAE K,et al.Alteration of thermal conductivity and viscosity of liquid by dispersing ultra-fine particles. dispersion of Al_2O_3, SiO_2 and TiO_2 ultra-fine particle[J].Japan Society of Thermophysical Properties,1993,7(4):227-233.

[125] LEE S,CHOI S U S,LI S,et al.Measuring thermal conductivity of fluids containing oxide nanoparticles[J].Journal of Heat Transfer,1999,121(2):280-289.

[126] EASTMAN J A,CHOI S U S, LI S,et al.Novel thermal properties of nano-structured materials[J].Journal of Metastable & Nanocrystalline Materials,1999(2-6):629-634.

[127] EASTMAN J A,CHOI S U S, LI S,et al.Anomalously increased effective thermal conductivities of ethylene glycol-based nanofluids containing copper nanoparticles[J]. Applied Physics Letters,2001,78(6):718-720.

[128] DAS S K,PUTRA N,THIESEN P,et al.Temperature dependence of thermal conductivity enhancement for nanofluids[J].Journal of Heat

Transfer,2003,125(4):567-574.

[129] PETERSON G P,LI C H.Heat and mass transfer in fluids with nanoparticle suspensions[J]. Advances in Heat Transfer, 2006, 39(6): 257-376.

[130] MURSHED S M S,LEONG K C,YANG C.A model for predicting the effective thermal conductivity of nanoparticle-fluid suspensions[J].International Journal of Nanoscience, 2006,5(1):23-33.

[131] HONG T K,YANG H S,CHOI C J.Study of the enhanced thermal conductivity of Fe nanofluids[J].Journal of Applied Physics,2005,97(6):280-441.

[132] HONG K S,HONG T K,YANG H S.Thermal conductivity of Fe nanofluids depending on the cluster size of nanoparticles[J].Applied Physics Letters,2006,88(3):S200-17.

[133] PATEL H E,DAS S K,SUNDARARAGAN T,et al.Thermal conductivities of naked and monolayer protected metal nanoparticle based nanofluids: Manifestation of anomalous enhancement and chemical effects[J].Applied Physics Letters,2003,83(14):2931-2933.

[134] ASSAEL M J,CHEN C F,METAXA I N,et al.Thermal conductivity of suspensions of carbon nanotubes in water[J].International Journal of Thermo-physics,2004,25(4):971-985.

[135] ASSAEL M J,METAXA I N ,KAKOSIMOS K,et al.Thermal conductivity of nanofluids experimental and theoretical[J].International Journal of Thermo-physics,2006,27(4):999-1017

[136] 宣益民,李强.纳米流体强化传热研究[J].工程热物理学报,2000,21(4):466-470.

[137] 李强,宣益民.纳米流体强化导热系数机理初步分析[J].热能动力工程,2002,17(6):568-571.

[138] 谢华清,王锦昌,奚同庚,等.SiC 纳米粉体悬浮液导热系数研究[J].硅酸盐学报,2001,29(3):361-364.

[139] 谢华清,奚同庚.纳米流体导热系数研究[J].上海第二工业大学学报,2006,23(3):200-204.

[140] 李芃,仇中柱.纳米流体热导率的测量与评价[J].节能,2005(4):13-15.

[141] 王涛,骆仲泱,郭顺松,等.可控纳米流体的制备及热导率研究[J].浙江

大学学报(工学版),2007,41(3):514-518.

[142] 郭顺松.纳米流体的热物理特性研究[D].杭州:浙江大学,2006.

[143] 彭小飞,俞小莉,钟勋,等.纳米流体热导率试验[J].浙江大学学报(工学版),2007,41(7):1177-1180.

[144] 毕胜山,吴江涛,史琳.纳米颗粒 TiO_2/HFC134a 工质导热系数实验研究[J].工程热物理报,2008,29(2):205-207.

[145] LI C H,PETERSON G P.The effect of particle size on the effective thermal conductivity of Al_2O_3-water nanofluids[J].Journal of Applied Physics,2007,101(4):3-11.

[146] WANG L,JIANG W.Copper nanofluids:Synthesis and thermal conductivity[J].Current Nanoscience,2010,6(5):512-519.

[147] XIE H,WANG J,XI T,et al.Thermal conductivity of suspensions containing nanosized SiC particles[J].International Journal of Thermophysics,2002,23(2):571-580.

[148] TIMOFEEVAE V,ROUTBORT J L,SINGH D.Particle shape effects on thermo-physical properties of alumina nanofluids[J].Journal of Applied Physics,2009,106(1):1-11.

[149] DANG T M D,LE T T T,FRIBOURG-BLANC E, et al. Synthesis and optical properties of copper nanoparticles prepared by a chemical reduction method[J]. Advances in Natural Sciences Nanoscience & Nanotechnology,2011,2(2):015009.

[150] XIE H,WANG J,XI T,et al.Dependence of the thermal conductivity of nanoparticle-fluid mixture on the base fluid[J].Journal of Materials Science Letters,2002,21(19):1469-1471.

[151] ASSAEL M J,METAXA I N,ARVANITIDIS J,et al.Thermal conductivity enhancement in aqueous suspensions of carbon multi-walled and double-walled nanotubes in the present of two different dispersants[J].International Journal of Thermophysics,2005,26(3):647-664.

[152] LI X F,ZHU D S,WANG X J,et al.Thermal conductivity enhancement dependent pH and chemical surfactant for Cu-H_2O nanofluids[J].Thermochim Acta,2008,469(1):98-103.

[153] MAXWELL J C.A treatise on electricity and magnetism[M].Cambridge:Oxford University Press,1904.

[154] HAMILTON R L,CROSSER O K.Thermal conductivity of heterogeneous tow-component systems[J].Ind.eng.chem.fundam,1962,1(3):27-40.

[155] RAYLEIGH L.On the instability of a cylinder of viscous liquid under capillary force[J].Philosophical Magazine,1976,34(207):145-154.

[156] JEFFREY D J.Conduction through a random suspension of spheres [J].Proceedings of the Royal Society of London,1973,335(1602):355-367.

[157] DAVIS R H. The effective thermal conductivity of a composite material with spherical inclusions[J].International Journal of Thermophysics,1986,7(3):609-620.

[158] XUE Q. Effective-medium theory for two-phase random composite with an interfacial shell[J]. Journal Material Science Technology, 2000,16:367-369.

[159] BENVENISTE Y.Effective thermal conductivity of composites with a thermal contact resistance between the constituents: Nondilute case [J].Journal of Applied Physics,1987,61(8):2840-2843.

[160] KEBLINSKI P,PHILLPOT S R,CHOI S U S,et al.Mechanisms of heat flow in suspensions of nano-sized particles(nanofluids)[J].International Journal of Heat & Mass Transfer,2002,45(4):855-863.

[161] EVANS W,FISH J,KEBLINSKI P.Role ofbrownian motion hydrodynamcis on nanofluids thermal conductivity [J]. Applied Physics Letters,2006,88(9):219-482.

[162] SHENOGIN S,BODAPATI A,XUE L,et al.Effect of chemical functionalization on thermal transport of carbon nanotube composites[J]. Applied Physics Letters,2004,85(12):2229-2231.

[163] SHENOGIN S,XUE L P,OZISIK R,et al.Role of thermal boundary resistance on the heat flow in carbon nanotube composites[J].Journal Applied Physics,2004,95:8136-8144.

[164] PRASHER R,BHATTACHARYA P,PHELAN P E.Thermal conductivity of nanoscale colloidal solutions(nanofluids)[J].Physical Review Letters,2005,94(2):025901.

[165] CAHILL D G,PUTNAM P A.Thermal conductivity of nanoparticle

suspensions[J].Journal of Applied Physics,2006,99(8):084308-6.

[166] EVANS W,PRASHER R,FISH J,et al.Effect of aggregation and interfacial thermal resistance on thermal conductivity of nanocomposites and colloidal nanofluids[J]. International Journal of Heat & Mass Transfer,2008,51(5):1431-1438.

[167] LOTFIZADEH S, MATSOUKAS T. Effect of nanostructure on thermal conductivity of nanofluids[J].Journal of Nanomaterials,2015(6):697596.

[168] WITHARANA S, KIM C. Predicting thermal conductivity of liquid suspensions of nanoparticles(nanofluids) based on rheology[J].Particuology,2009,7(2):151-157.

[169] PANG C W,JUNG J Y,KANG Y T. Aggregation based model for heat conduction mechanism in nanofluids[J].International Journal of Heat & Mass Transfer,2014,72(3):392-399.

[170] THOMPSON,JOHN J.A treatise on electricity and magnetism[M]. Elementary treatise on electricity and magnetism. Longmans, Green, and Co.,1904.

[171] NAN C W,BIRRINGER R,CLARKE D R,et al.Effective thermal conductivity of particulate composites with interfacial thermal resistance[J].Journal of Applied Physics,1997,81(10):6692-6699.

[172] CHOI S U S,ZHANG Z G,YU W,et al.Anomalous thermal conductivity enhancement in nanotube suspensions[J].Applied Physics Letters,2001,79(14):2252-2254.

[173] BIERCUK M J,LLAGUNO M C,RADOSAVLJEVIC M,et al.Carbon nanotube composites for thermal management[J]. Applied Physics Letters,2002,80(15):2767-2769.

[174] BRUGGEMAN D A G.Calculation of different physical constantsof heterogeneous substances I: dielectric constant and conductivity of media of isotropic substances[J].Annals Physics,1935(24):636-679.

[175] 宣益民,李强.纳米流体能量传递理论与应用[M].北京:科学出版社,2010.

[176] MICHAELIDES E E.Transport properties of nanofluids. A critical review[J].Journal of Non-Equilibrium Thermodynamics,2015,38(1):

1-79.

[177] ZHOU S Q, NI R, FUNFSCHILLING D. Effects of shear rate and temperature on viscosity of alumina polyalphaolefins nanofluids[J]. Journal of Applied Physics, 2010, 107(5): 054317-6.

[178] 王鹏，白敏丽，吕继组，等.纳米流体圆管内的湍流流动特性[J].化工学报，2014(S1):17-26.

[179] MICHAELIDES E E. Heat transfer in particulate flows[J]. International Journal of Heat & Mass Transfer, 1986, 29(2): 265-273.

[180] LI C H, PETERSON G P. Experimental investigation of temperature and volume fraction variations on the effective thermal conductivity of nanoparticle suspensions (nanofluids)[J]. Journal of Applied Physics, 2006, 99(8): 93-102.

[181] HERIS S Z, ETEMAD S G, ESFAHANY M N. Experimental investigation of oxide nanofluids laminar flow convective heat transfer[J]. International Communi-cations in Heat and Mass Transfer, 2006, 33(4): 529-535.

[182] DAS S K, CHOI S U S, YU W. Nanofluids: Science and technology [M]. Hoboken: Wiley Interscience, 2007.

[183] MARTINEZ-CUENCA R, MONDRAGON R, ERNANDEZ L, et al. Forced-convective heat-transfer coefficient and pressure drop of water-based nanofluids in a horizontal pipe[J]. Applied Thermal Engineering, 2016(98): 841-849.

[184] PUTRA N, ROETZEL W, DAS S. Natural convection of nano-fluids [J]. Heat Mass Transfer, 2003(39): 775-784.

[185] GOMEZ A O C, HOFFMANN A R K, BANDARRA E P. Experimental evaluation of CNT nanofluids in single-phase flow[J]. International Journal of Heat & Mass Transfer, 2015(86): 277-287.

[186] YU W H, TIMOFEEVA E V, SINGH D, et al. Investigations of heat transfer of copper-in-thermino nanofluids[J]. International Journal of Heat & Mass Transfer, 2013, 64(1): 1196-1204.

[187] XUAN Y, LI Q. Investigation on convective heat transfer and flow features of nanofluids[J]. Journal Heat Transfer, 2003(125): 151-155.

[188] LI Q, XUAN Y. Convectiveheat transfer and flow characteristics of

Cu-water nanofluid[J].Science in China(Series E),2002(45):408-416.

[189] HERIS S Z,ESFAHANY M N,ETEMAD S G.Experimental investigation of convective heat transfer of Al_2O_3-water nanofluid in circular tube[J].International Journal Heat Fluid Flow,2007(28):203-210.

[190] HE Y,JIN Y,CHEN H,et al.Heat transfer and flow behaviour of aqueous suspensions of TiO_2 nanoparticles (nanofluids) flowing upward through a vertical pipe[J].International Journal Heat Mass Transfer,2007(50):2272-2281.

[191] PAK B C,CHOI Y L.Hydrodynamic and heat transfer study of dispersed fluids with submicron metallic oxide particles[J].Experimental Heat Transfer,1998,11(2):151-170.

[192] NAMBURU P K,KULKARNI D P DANDEKAR A,et al.Experimental investigation of viscosity and specific heat of silicon dioxide nanofluids[J].Micro & Nano Letters,2007,2(3):67-71.

[193] ZHOU S Q,NI R.Measurement of the specific heat capacity of water-based Al_2O_3 nanofluid[J]. Applied Physics Letters, 2008, 92(9): 093123-3.

[194] VAJJHA R S, DAS D K. Specific heat measurement of three nanofluids and development of new correlations[J].Journal of Heat Transfer,2009,131(7):81-90.

[195] 彭小飞,俞小莉,余凤芹.低浓度纳米流体比热容试验研究[J].材料科学与工程学报,2007,25(5):719-722.

[196] NELSON I C,BANERJEE D,RENGASAMY P.Flow loop experiments using polyalphaolefin nanofluids[J].Journal of Thermophysics & Heat Transfer,2012,23(4):752-761.

[197] VERGARA O,HEITKANMP K,LOHNEYSEN H.Specific heat of small vanadium particles in the normal and superconducting state[J].Journal of Physics & Chemistry of Solids,1984,45(3): 251-258.

[198] SHIN D,TIZNOBAIK H,BANERJEE D.Specific heat mechanism of molten salt nanofluids[J]. Applied Physics Letters, 2014, 104(12): 121914-4.

[199] WANG B,ZHOU L,PENG X.Surface and size effects on the specific heat capacity of nanoparticles[J].International Journal of Thermo-

physics,2006,27(1):139-151.

[200] MEYER J P, ADIO S A, SHARIFPUR M, et al. The viscosity of nanofluids: a review of the theoretical, empirical, and numerical models[J].Heat Transfer Engineering,2016,37(5):387-421.

[201] LI H R, WANG L, HE Y R, et al. Experimental investigation of thermal conductivity and viscosity of ethylene glycol based ZnO nanofluids[J].Applied Thermal Engineering,2015(88): 363-368.

[202] RUDYAK V Y, KRASNOLUTSKII S L.Dependence of the viscosity of nanofluids on nanoparticle size and material[J].Physics Letters A, 2014,378(26-27):1845-1849.

[203] PRASHER R, SONG D, WANG J. Measurements of nanofluid viscosity and its implications for thermal applications [J]. Applied Physics Letters,2006,89(13):133108-3.

[204] LI J M, LI Z, WANG B.Experimental viscosity measurements for copper oxide nanoparticle suspensions[J].Tsinghua Science Technology, 2002(7):198-201.

[205] DING Y, ALIAS H, WEN D, et al. Heat transfer of aqueous suspensions of carbon nanotubes (CNT Nanofluids)[J].International Journal Heat Mass Transfer,2006(49):240-250.

[206] DAS K, PUTRA N, ROETZEL W. Pool boiling characteristics of nano-fluids[J].International Journal Heat Mass Transfer,2003(46): 851-862.

[207] 李泽梁,李俊明,王补宣,等.CuO纳米颗粒悬浮液中各组分对悬浮液稳定性及黏度的影响[J].工程热物理学报,2003,24(5):849-851.

[208] EINSTEIN A. Eine neue bestimmung der molekul-dimension [J]. Annals of Physics,1906(19):289-306.

[209] JANG S P, CHOI S U S. Role of brownian motion in the enhanced thermal conductivity of nanofluids[J].Applied Physics Letters,2004, 84(21):4316-4318.

[210] KRIEGER I M, DOUGHERTY T J. A mechanism for nonnewtonian flow in suspensions of rigid spheres[J].Transactions of the Society of Rheology,2000,3(1):137-152.

[211] 彭小飞,俞小莉,夏立峰,等.低浓度纳米流体黏度变化规律试验[J].农

业机械学报,2007,38(4):138-141.
[212] 郭顺松,骆仲泱,王涛,等.SiO_2纳米流体黏度研究[J].硅酸盐通报,2006,25(5): 52-55.
[213] 刘玉东,李夔宁,童明伟,等.TiO_2-水纳米流体的黏度修正公式[J].重庆大学学报,2006,29(9):52-55.
[214] NAMBURU P K,KULKARNI D P,MISRA D,et al.Viscosity of copper oxide nanoparticles dispersed in ethylene glycol and water mixture [J].Experimental Thermal & Fluid Science, 2008,32(2):397-402.
[215] GHADIMI A, SAIDUR R, METSELAAR H S C. A review of nanofluid stability properties and characterization in stationary conditions[J].International Journal of Heat & Mass Transfer, 2011,54(17-18):4051-4068.
[216] 贾佳,张卫珂,焦琛,等.纳米洋葱碳作为润滑油添加剂的摩擦性能研究[J].人工晶体学报,2017,46(7):1361-1366.
[217] 欧忠文.基于原位合成方法的超分散稳定纳米组元的制备及其摩擦学特性[D].重庆:重庆大学,2003.
[218] LINGHUI K, JIANLIN S. Preparation, characterization and tribological mechanism of nanofluids[J].RSC Advances 2017(7):12599-12609.
[219] SCHWARZ U S,KOMURA S,SAFRAN S A.Deformation and tribology of muit-walled hollow nanoparticles[J]. Europbysics Letters, 2000,50(6):762-768.
[220] RAPOPORT L.Friction and wear of bronze powder composites including fullerene like WS_2 nanoparticles[J].Wear,2001,249:150-157.
[221] 左维琦,孙睿泽.纳米添加剂润滑条件下 GCr15/45# 钢摩擦磨损性能影响[J].机械制造与自动化,2016(4):40-43.
[222] 董金泽.几种层状结构的纳米润滑油添加剂的制备及其摩擦学性能研究[D].镇江:江苏大学,2017.
[223] 叶毅,董浚修,陈国需,等.纳米硼酸盐的摩擦学特性初探[J].润滑与密封,2000(4):20-21.
[224] 刘谦,徐滨士,许一,等.摩擦磨损自修复润滑油添加剂研究进展[J].润滑与密封,2006(2):150-154.
[225] 方建,赵源.润滑添加剂的磨损自补偿摩擦学效应[J].材料保护,2006,39(6):18-20.

[226] RAPOPORT L, LESHCHINSKY V, LAPSKER I, et al. Tribological properties of WS_2 nanoparticles under mixed lubrication[J]. Wear, 2003, 255(7): 785-793.

[227] YANG G, CHAI S, XIONG X. Preparation and tribological properties of surface modified Cu nanoparticles[J]. Transactions of Nonferrous Metals Society of China, 2012, 22: 366-372.

[228] 朱作鑫.水基纳米轧制液制备及润滑模型研究[D].北京:北京科技大学,2015.

[229] 王冰,孙建林,武元元,等.纳米 MoS_2 轧制液摩擦特性与轧后钢板表面研究[J].材料科学与工艺, 2011,19(6):28-32.

[230] 王一助,孙建林,王冰,等.纳米 Fe_3O_4 在板带钢冷轧轧制液中的摩擦学性能研究[J].摩擦学学报, 2010,30(6):572-576

[231] 胡坤宏.纳米二硫化钼的形态可控合成及其催化与润滑性能研究[D].合肥:合肥工业大学,2010.

[232] KAO M J, LIN C R. Evaluating the role of spherical titanium oxide nanoparticles in reducing friction between two pieces of cast iron[J]. Journal of Alloys & Compounds, 2009, 483(1): 456-459.

[233] PEÑA-PARÁS L, TAHA-TIJERINA J, GARZA L, et al. Effect of CuO and Al_2O_3 nanoparticle additives on the tribological behavior of fully formulated oils[J]. Wear, 2015(332-333): 1256-1261.

[234] WANG Y Q, CHENG H M, HAO Y Z, et al. Preparation, characterization and photoelectrochemical behaviors of Fe(III)-doped TiO_2 nanoparticles[J]. Journal of Materials Science, 1999, 34(15): 3721-3729.

[235] ZHOU G, ZHU Y, WANG X, et al. Sliding tribological properties of 0.45% carbon steel lubricated with Fe_3O_4 magnetic nano-particle additives in base oil[J]. Wear, 2013, 301(1-2): 753-757.

[236] BATTEZ A H, RICO J E F, ARIAS A N, et al. The tribological behaviour of ZnO nanoparticles as an additive to PAO6[J]. Wear, 2006, 261(3-4): 256-263.

[237] ALVES S M, BARROS B S, TRAJANO M F, et al. Tribological behavior of vegetable oil-based lubricants with nanoparticles of oxides in boundary lubrication conditions[J]. Tribology International, 2013, 65

(3):28-36.

[238] LUO T, WEI X, HUANG X, et al. Tribological properties of Al_2O_3 nanoparticles as lubricating oil additives[J]. Ceramics International, 2014, 40(5): 7143-7149.

[239] LI Z, XIAO H, YU L, et al. Preparation of lanthanum trifluoride nanoparticles surface-capped by tributyl phosphate and evaluation of their tribological properties as lubricant additive in liquid paraffin[J]. Applied Surface Science, 2014, 292(4): 971-977.

[240] CHEN B, GU K, FANG J, et al. Tribological characteristics of monodispersed cerium borate nanospheres in biodegradable rapeseed oil lubricant[J]. Applied Surface Science, 2015(353): 326-332.

[241] SHEN T, WANG D, YUN J, et al. Tribological properties and tribochemical analysis of nano-cerium oxide and sulfurized isobutene in titanium complex grease[J]. Tribology International, 2015(93): 332-346.

[242] SONGWEI Z, LITIAN H, DAPENG F. Anti-wear and friction-reduction mechanism of Sn and Fe nanoparticles as additives of multialkylated cyclopentanes under vacuum condition[J]. Vacuum, 2013(87): 75-80.

[243] FLORES-CASTAÑEDA M, CAMPS E, CAMACHO-LÓPEZ M. Bismuth nanoparticles synthesized by laser ablation in lubricant oils for tribological tests[J]. Journal of Alloys and Compounds, 2015(643): 567-570.

[244] JIANGQI M, YUFEI M. Effect of Ag nanoparticles additive on the tribological behavior of multialkylated cyclopentanes(MACs)[J]. Wear, 2009(266): 627-631.

[245] WANG X L, YING Y L, ZHANG G N. Study on antiwear and repairing performances about mass of nano-copper lubricating additives to 45 steel[J]. Physics Procedia, 2013(50): 466-472.

[246] SÁNCHEZ-LÓPEZ J C, ABAD M D, KOLODZIEJCZYK L, et al. Surface-modified Pd andAu nanoparticles for anti-wear applications[J]. Tribology International, 2011, 44(6): 720-726.

[247] CHOU R, BATTEZ A H, CABELLO J J, et al. Tribological behavior

of polyalphaolefin with the addition of nickel nanoparticles[J].Tribology International,2010,43(12):2327-2332.

[248] PADGURSKAS J,RUKUIZA R.Tribological properties of lubricant additives of Fe, Cu and Co nanoparticles[J].Tribology International, 2013,60(7):224-232.

[249] ABAD M D, SÁNCHEZ-LÓPEZ J C. Tribological properties of surface-modified Pd nanoparticles for electrical contacts[J]. Wear, 2013,297(1-2):943-951.

[250] TING L, XIAOWEI W, HAIYAN Z, et al. Tribology properties of Al_2O_3-TiO_2 nanocomposites as lubricant additives[J].Ceramics International,2014(40):10103-10109.

[251] CHUNLI Z, SHENGMAO Z, LAIGUI YU. Preparation and tribological properties of water-soluble copper-silica nanocomposite as a water-based lubricant additive[J]. Applied Surface Science, 2012(259): 824-830.

[252] YUAN M, FENGHUA S, YANGZHI C. Synthesis of nano Cu-graphene oxide composites by supercritical CO_2-assisted deposition as a novel material for reducing friction and wear[J].Chemical Engineering Journal,2015(281):11-19.

[253] DA J,SHAOHUA Z,YINGZI W.The tribology properties of alumina-silica composite nanoparticles as lubricant additives[J]. Applied Surface Science,2011(257):5720-5725.

[254] FUYAN Z,ZHIMIN B,YING F.Tribological properties of serpentine, $La(OH)_3$ and their composite particles as lubricant additives[J]. Wear,2012(288):72-77.

[255] WAMKAM C T,OPOKU M K,HONG H,et al. Effects of pH on heat transfer nanofluids containing ZrO_2 and TiO_2 nanoparticles[J]. Journal of Applied Physics, 2011,109(2):2252.

[256] MO S,CHEN Y,JIA L.Investigation on crystallization of TiO_2-water nanofluids and deionized water[J]. Applied Energy, 2012, 93(5): 65-70.

[257] FEDELE L,COLLA L,BOBBO S.Viscosity and thermal conductivity measurements of water-based nanofluids containing titanium oxide

nanoparticles[J].International Journal of Refrigeration,2012,35(5):1359-1366.

[258] CHEN H,DING Y,LAPKIN A.Rheological behaviour of nanofluids containing tube-rod-like nanoparticles[J].Powder Technology,2009,194(1-2):132-141.

[259] 王晓春,张希艳.材料现代分析与测试技术[M].北京:国防工业出版社,2010.

[260] 孙其诚,王光谦.颗粒物质力学导论[M].北京:科学出版社,2009.

[261] PAWLOW P.The dependency of melting point on the surface energy of a solid body[J]. Zeitschrift für Physikalische Chemie,1909,65(5):545-548.

[262] 瞿金蓉,胡明安,陈敬中,等.纳米粒子的熔点与粒径的关系[J].地球科学-中国地质大学学报,2005,30(2):195-198.

[263] JIANG L Q GAO L. Effect of Tiron adsorption on the colloidal stability of nano-sized alumina suspension[J].Materials chemistry and Physics,2003,80:157-161.

[264] ZHU H,ZHANG C,TANG Y,et al.Preparation and thermal conductivity of suspensions of graphite nanoparticles[J].Carbon,2007,45(1):226-228.

[265] 傅献彩.物理化学[M].5 版.北京:高等教育出版社,2005.

[266] YOUNG T. An essay on the cohesion of fluids[J]. Philosophical Transactions of the Royal Society of London,1805(94):65-87.

[267] WENZEL R N.Resistance of solid surfaces to wetting by water[J].Industrial and Engineering Chemistry,1936,28(8):988-994.

[268] CASSIE A B D,BAXTER S.Wettability of porous surfaces[J].Transactions of the Faraday Society,1944,40(1):546-551.

[269] CASSIE A B D.Contact angles[J].Discussions of the Faraday Society,1948,3(5):11-16.

[270] 郑浩勇,王猛,王修星,等.基于 Wenzel 模型的粗糙界面异质形核分析[J].物理学报,2011,60(6):530-535.

[271] VAN OSS C J,CHAUDHURY M K,GOOD R J.Monopolar surfaces[J].Advances in Colloid & Interface Science,1987,28(1):35-64.

[272] LANGMUIR I.The dissociation of hydrogen into atoms[J].Journal of

the Franklin Institute,1916,182(3):404-405.

[273] EINSTEIN A. A new determination of molecular dimensions[J]. Annual Physics,1906(19): 289-306.

[274] EINSTEIN A. Investigations on the Theory of the Brownian Movement[M].New York:Dover Publications,1956.

[275] BRINKMAN H C.The viscosity of concentrated suspensions and solution[J].Journal of Chemics and Physics,1952(20):571-581.

[276] FRANKEL N A,ACRIVOS A.On the viscosity of a concentrated suspension of solid spheres[J].Chemical Engineering Science,1967,22(6):847-853.

[277] NIELSEN L E.Generalized equation for the elastic moduli of composite materials[J]. Journal of Applied Physics,1970,41(11):4626-4627.

[278] LUNDGREN T S.Slow flow through stationary random beds and suspensions of spheres[J]. Journal of Fluid Mechanism,1972,51(2):273-299.

[279] BATCHELOR G K.The effect of Brownian motion on the bulk stress in a suspension of spherical particles[J].Journal of Fluid Mechanism,1977(83):97-117.

[280] GRAHAM A L.On the viscosity of suspensions of solid spheres[J]. Applied Scientific Research,1981,37(3-4):275-286.

[281] WEI B,ZOU C,LI X.Experimental investigation on stability and thermal conductivity of diathermic oil based TiO_2 nanofluids[J].International Journal of Heat and Mass Transfer, 2017(104):537-543.

[282] PRYAZHNIKOV M I, MINAKOV A V, RUDYAK V Y, et al. Thermal conductivity measurements of nanofluids[J]. International Journal of Heat and Mass Transfer,2017(104):1275-1282.

[283] LI X,ZOU C,WANG T,et al.Rheological behavior of ethylene glycol-based SiC nanofluids[J]. International Journal of Heat and Mass Transfer,2015(84):925-930.

[284] LEE S W,PARK S D,KANG S,et al.Investigation of viscosity and thermal conductivity of SiC nanofluids for heat transfer applications[J]. International Journal of Heat and Mass Transfer,2011(54):433-438.

[285] YANG J C,LI F C,ZHOU W,et al.Experimental investigation on the thermal conductivity and shear viscosity of viscoelastic-fluid-based nanofluids[J].International Journal of Heat and Mass Transfer,2012 (55):3160-3166.

[286] SMOLUCHOWSKI M V.Theoretische Bemerkungenüber die Viskosität der Kolloide[J].Kolloid-Zeitschrift,1916,18(5):190-195.

[287] BOOTH F. The cataphoresis of spherical, solid non-conducting particles in a symmetrical electrolyte[J].Proceedings of the Royal Society A,1950,203(1075):514-533.

[288] 励杭泉,张晨,张帆.高分子物理[M].北京:中国轻工业出版社,2009.

[289] CARSLAW B H S,JAEGER A J C.Conduction of heat in solids[J]. Thermodynamics,1947:386-391.

[290] XIE H,FUJIIM, ZHANG X.Effect of interfacial nanolayer on the effective thermal conductivity of nanoparticle-fluid mixture[J].International Journalof Heat and Mass Transfer,2005,48(14):2926-2932.

[291] NSOFOR E C, GADGE T. Investigations on the nanolayer heat transfer in nanoparticles-in-liquid suspensions[J]. ARPN Journal of Engineering and Applied Sciences,2011,6(1):21-28.

[292] TILLMAN P, HILL J. Determination of nanolayer thickness for a nanofluid[J].International Communications in Heat and Mass Transfer,2007,34(4):399-407.

[293] WANG B,ZHOU L,PENG X.A fractal model for predicting the effective thermal conductivity of liquid with suspension of nanoparticles [J].International Journal of Heat and Mass Transfer,2003,46(14): 2665-2672.

[294] HASHIMOTO T, FUJIMURA M, KAWAI H. Domain-boundary structure of styrene-isoprene block copolymer films cast from solutions. 5 molecular weight dependence of spherical microdomains[J]. Macromolecules,1980,13(6):1660-1669.

[295] MURSHED S M S,LEONG K,YANG C.A combined model for the effective thermal conductivity of nanofluids[J].Applied Thermal Engineering,2009,29(11):2477-2483.

[296] SIMS R B.The Calculation of roll force and torque in hot rolling mills

[J].Archive Proceedings of the Institution of Mechanical Engineers, 1954(168):191-200.

[297] OROWAN E.The Calculation of roll pressure in hot and cold flat rolling[J].ARCHIVE Proceedings of the Institution of Mechanical Engineers,1943(150):140-167.

[298] 康永林,孙建林.轧制工程学[M].北京:冶金工业出版社,2014.

[299] JIANG Z Y, TIEU A K, SUN W H, et al.Characterisation of thin oxide scale and its surface roughness in hot metal rolling[J].Materials Science & Engineering A,2006,435(11):434-438.